智能技术赋能企业财务管理
转型实践

徐 严 著

天津出版传媒集团

天津科学技术出版社

图书在版编目（CIP）数据

智能技术赋能企业财务管理转型实践 / 徐严著.
天津：天津科学技术出版社，2024.6. -- ISBN 978-7
-5742-2254-0

Ⅰ. TP18; F275

中国国家版本馆CIP数据核字第2024XW1698号

智能技术赋能企业财务管理转型实践
ZHINENG JISHU FUNENG QIYE CAIWU GUANLI ZHUANXING SHIJIAN

责任编辑：王 彤
责任印制：兰 毅

出　　版：天津出版传媒集团
　　　　　天津科学技术出版社
地　　址：天津市和平区西康路35号
邮　　编：300051
电　　话：（022）23332377
网　　址：www.tjkjcbs.com.cn
发　　行：新华书店经销
印　　刷：河北万卷印刷有限公司

开本 710×1000　1/16　印张 15.5　字数 208 000
2024年6月第1版第1次印刷
定价：78.00元

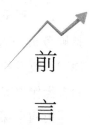

前言

　　在这个飞速发展的数字化时代，智能技术正逐渐成为推动企业变革的关键力量。特别是在企业财务管理领域中，智能技术的引入不仅是对现有流程的优化，而且是一场战略层面的转型。正是基于这一背景，本书应运而生，旨在探索智能技术对传统的企业财务管理的影响。

　　本书的写作初衷在于为企业决策者、财务人才，以及对智能化企业财务管理感兴趣的学者提供一个全面的视角。在当前智能技术日新月异的背景下，传统的企业企业财务管理方法已不能满足企业的需求。智能技术正逐渐成为提高财务管理效率、精度和战略价值的关键。因此，理解智能技术如何应用于企业财务管理，对于企业来说至关重要。

　　本书不仅聚焦智能技术本身，而且深入探讨了智能技术在具体的企业财务管理实践中的应用。通过具体案例的分析，本书展示了智能技术在各个方面对企业财务管理的定义。这些内容不仅为企业财务管理专业人员提供了实用的指导，也为企业决策者提供了智能化转型的思路和策略。全书共分为七个章节，具体内容如下。

　　第一章围绕智能技术与企业财务管理的基本理论，对智能技术进行了全面概述，介绍了企业财务管理相关认知，并解释了智能技术发展对企业财务管理的影响。第一章为整本书奠定了理论基础。

　　第二章详细讨论了企业财务管理智能化转型的过程，包括转型的发展阶段、转型的价值意蕴，以及转型的整体思路。第二章为理解智能化在企业财务管理领域中的深刻影响提供了清晰的路径。

第三章重点介绍了企业财务管理智能化转型过程中的技术应用，包括财务机器人、智能引擎、光学字符识别（optical character recognition, OCR）技术和电子影像档案系统。这些技术实例展示了智能化在具体的财务操作中实现效率的提升和风险的降低的方法。

第四章探索了基于财务共享服务模式的企业财务管理智能化，深入分析了财务共享服务的概述、财务共享服务中心的规划与设计，以及智能技术赋能无人财务共享服务模式创新。

第五章讨论了企业财务管理智能化转型的保障体系建设，包括财务组织建设、制度体系建设，以及财务人才培养。第五章强调了智能化转型不仅是技术层面的改变，还涉及组织和人才管理层面的深层次变革。

第六章介绍了企业财务管理智能化转型的创新实践，展示了智能成本管理、智能税务管理、智能预算管理和智能投融资管理等多个财务领域的应用。

第七章作为全书的总结与展望，回顾了前面章节的核心研究成果，并对未来智能技术在企业财务管理领域中的发展趋势进行了前瞻性思考。

本书为读者揭示了智能技术在企业财务管理中的应用前景，可以作为企业财务管理转型的思路指南。希望本书能为企业制订相关策略时提供一定的参考。

目 录

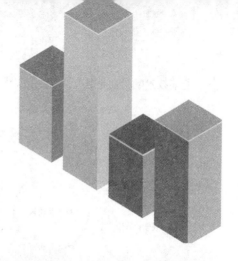

第一章　智能技术和企业财务管理的基本理论

在当今时代，智能技术的迅猛发展正在逐渐改变人们的生活和工作方式，在企业财务管理领域中亦是如此。智能技术的涌现不仅为企业财务管理带来了新的工具，而且为企业财务管理的实践提供了全新的视角。从人工智能的不断进步到各种代表性智能技术的应用，智能化正成为塑造现代企业财务管理的关键力量。本章旨在全面介绍智能技术及其发展与企业财务管理相关理论，以期为读者提供一个整体认知。

第一节　智能技术概述

一、智能技术的发展历程

智能技术的发展历程分为四个阶段：概念化阶段、技术化阶段、系统化阶段和产业化阶段，如图 1-1 所示。

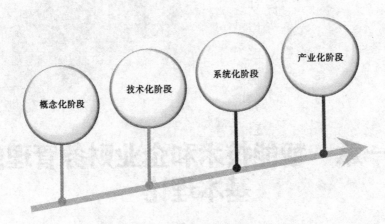

图 1-1　智能技术的发展历程

（一）概念化阶段

人工智能的起源可以追溯到 20 世纪中叶，当时科学家开始探索计算机模拟人类智能的可能性。人工智能在这个时期诞生了，其基础是数学、逻辑学、计算机科学，以及认知科学的综合。

人工智能发展的里程碑之一是艾伦·麦席森·图灵（Alan Mathison Turing）的工作。图灵是英国的数学家和逻辑学家，他的研究对计算机科学的发展产生了深远影响。他在 1950 年进行了著名的图灵测试。

这个测试旨在回答一个基本问题："机器能思考吗？"图灵测试包括一个人类评测者、一个人类被测者和一台计算机，人类评测者通过提问并根据回答判断哪个是人类被测者，哪个是计算机。如果人类评测者无法区分计算机与人类被测者的回答，那么可以认为该计算机展示了一种人类水平的智能。

紧随图灵之后，人工智能一词在 1956 年的达特茅斯会议被正式确认。

在达特茅斯会议上，学者讨论了多个关键问题，包括使计算机理解自然语言的方法，使计算机能像人类一样进行思考、推理和解决问题的方法，以及使计算机能够在面对新任务时自我学习和适应的方法。这次会议尽管没有直接产生显著的科研成果，但标志着人工智能的正式诞生，并激发了人们后续数十年对人工智能的研究兴趣。

这些早期的探索为人工智能的发展奠定了基础。图灵测试提出了一种评估机器智能的方法，而达特茅斯会议则确定了人工智能的研究方向和目标。从那时起，人工智能从一个微妙的想法，落地成为一个实在的概念。这为人工智能后来逐渐演变成一个多学科、快速发展的领域奠定了基础，这就是人工智能的概念化阶段。

（二）技术化阶段

随着人工智能概念的确认，机器学习的概念也在同一时期内出现。机器学习源于早期的符号主义学习，例如逻辑回归和决策树算法。不过，这些早期模型受限于计算能力和数据量，因此在复杂问题上的难以应用。

到了 20 世纪下半叶，统计学习方法兴起，特别是朴素贝叶斯分类器和支持向量机，能够更有效地处理大量数据，提供更精准的预测。同时神经网络开始受到关注。神经网络是一种模仿人脑神经元工作方式的计算系统，能够通过学习大量数据来识别模式和特征。神经网络模型最初比较简单，但随着时间的推移变得更加复杂和强大。这让机器学习成为后来人工智能发展的核心技术，机器学习的成熟与应用也是人工智能进入技术化阶段的标志。

后来，深度学习作为机器学习的一个子领域出现，是一种主要基于神经网络的更深层的架构。深度学习模型，如卷积神经网络和递归神经网络等，能够处理和解释大量的图像、语音等非结构化数据。

从机器学习到深度学习，再到后来自然语言处理以及其他智能技术的出现，人工智能关键技术、算法正在持续创新，计算能力和数据可用性也在不断增强。重要的算法和模型被开发出来，使人工智能能够开始解决一些简单的问题，并开始在各种行业中应用。

在此阶段中，智能技术虽然不成系统，但各种创新的算法和模型相互补充，共同推动了人工智能向更高级别的认知层面发展，反映了人工智能领域的逐步成熟，是人工智能从理论研究转向实际应用的关键转折点，为后来的人工智能技术系统化和产业化发展提供了重要的技术支持。

（三）系统化阶段

在大数据、云计算等其他技术的支持下，智能技术进入系统化阶段。何谓系统化？即各技术不再局限单一发展，而是出现融合应用趋势，形成了复杂而高效的智能系统，广泛应用于日常生活与行业实践中，提供更全面和高效的服务。这种融合使智能系统能够处理更复杂的任务，并在多个维度上优化性能。

具体而言，人工智能通过与大数据的结合，获得了海量数据的处理能力。大数据提供了丰富的信息资源，使人工智能系统能够在更广泛的数据基础上学习和优化。例如，在金融行业中，人工智能系统可以分析大量的市场数据，准确预测市场趋势，辅助投资决策。在医疗领域中，通过分析大量的病例数据，人工智能能够协助医生做出更准确地诊断。

云计算的融合则为人工智能提供了无限的计算资源和强大的数据存储能力。通过云平台，人工智能可以无缝接入各种应用和服务，实现资源的高效分配和使用。云计算的弹性和可扩展性使人工智能可以快速适应不同规模的需求，从而更加灵活和高效。

在系统化阶段，人工智能不再是单一技术，而是一个多技术综合体，能够在更广泛的领域中和更复杂的场景中发挥作用。这种融合不仅使人工智能系统更加强大，也推动了整个社会的转型。随着技术的不断发展，人工智能的系统化将继续深化，为社会带来更多创新和变革。

（四）产业化阶段

近年，人工智能的迅猛发展与广泛应用引领了一个全新的产业化时代。在这个时期内，智能技术融入各行各业，不仅推动了新业务模式的创新，还促进了经济增长和社会发展。

这一阶段的特点是智能技术的全面渗透和产业链的形成，涉及数据采集、算法开发、硬件制造、软件应用，以及服务提供等多个环节，构成了一个从基础研究到商业应用的完整生态系统。

在产业化阶段，人们研究的核心是将智能技术更好地应用到实际场景中，解决更多具体问题。例如，在制造业领域中，智能技术被用于优化生产流程、实现设备的预测性维护和提高产品质量控制的标准，还被应用于在供应链管理领域中的物流规划、库存管理和需求预测等复杂场景，有效提高了整个供应链的效率和灵活性。此外，智能技术的广泛应用催生了新的商业模式。例如，即时配送服务利用了智能驱动的物流系统来满足消费者对速度和便利性的需求，而智能家居控制系统则通过智能技术提升了家庭自动化的水平。这些创新不仅提高了操作效率和降低了成本，还为企业创造了新的收入来源和增长点。

智能技术的产业化标志着技术从实验室走向市场的完美落地，这一时期的智能技术发展，不只体现在技术自身的进步，更在于与各个行业融合，推动整个社会和经济的发展。

二、八大代表性智能技术介绍

在智能技术领域中，有诸多代表性技术，这些技术不仅是推动人工智能发展的关键力量，也是塑造当代技术革命的核心要素。这些技术包括机器学习、深度学习、自然语言处理、计算机视觉技术、强化学习、语音识别、机器人、机器人流程自动化，他们分别在人工智能的发展史上扮演着独特的角色，如图1-2所示。

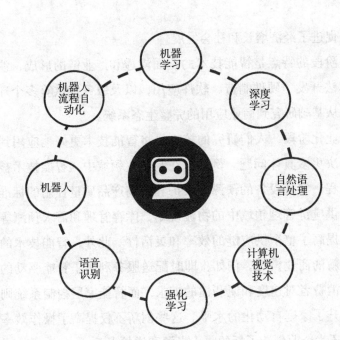

图 1-2　八大代表性智能技术

（一）机器学习

机器学习涉及算法和统计模型的使用，这些工具使计算机能够利用历史数据来改进其操作或预测未来的事件。也就是说，系统可以从数据中学习、识别模式，并做出决策，而无须对每种情况都进行明确的编程。

这种学习过程通常包括三个主要步骤。第一步，机器学习算法会被用来识别特定类型的数据；第二步，在训练过程中，机器学习算法会不断调整和改进其性能；第三步，一旦训练完成，机器学习算法就能够处理新的、未见过的数据，并根据其学习经验做出决策。

作为人工智能的一个核心分支，机器学习从20世纪中叶就开始逐渐发展起来。机器学习最初的探索集中在让计算机模拟人类的学习行为上，例如通过简单的决策树和线性回归模型。然而，这个领域的真正兴起是在21世纪初。在这一时期内，互联网的普及和数据存储技术的进步为机器学习提供了大量的训练数据，而更强大的处理器和云计算资源则使复杂的算法变得可行。

机器学习方法主要分为监督学习、无监督学习和强化学习。监督学习通过训练带有标签的数据来预测结果，而无监督学习是在没有标签的数据中寻找模式。强化学习是通过奖励机制来训练算法在特定环境中做出最优决策。

现代机器学习的应用非常广泛，已经渗透人们日常生活的方方面面。比如在商业领域中，机器学习被用于消费者行为分析、个性化推荐系统、自动化市场营销等。在工业生产中，机器学习用于优化制造流程、预测维护和提高生产效率。随着技术的不断进步，机器学习在未来将继续推动各行各业的革新，为人类社会带来更加智能化的解决方案。

（二）深度学习

深度学习与机器学习的关系密切，但有本质区别。深度学习实际上是机器学习的一个子集，但深度学习依赖更深层次的神经网络和大量数据的学习，能够自动提取复杂的特征，处理更高维度的数据。机器学习则依赖手工提取的特征和相对较浅的学习结构。

深度学习的兴起得益于人工神经网络的研究，早期的神经网络由于层数较少、计算能力有限，其应用范围相对狭窄。然而，随着硬件计算能力的飞速提升，尤其是图形处理单元在大规模并行计算中的应用，深度学习迎来了黄金时代。21世纪初，随着互联网和数字媒体的普及，数据量爆炸式增长，为深度学习提供了海量的训练数据。与此同时，算法创新，如反向传播和卷积神经网络的发展，大幅提高了模型训练的效率和准确性。

当前，深度学习已广泛应用于各行各业，成为推动技术进步的重要力量。在计算机视觉领域中，深度学习技术用于图像识别、视频分析、人脸识别等。在自然语言处理领域中，深度学习用于语音识别、机器翻译、情感分析等，极大地提高了机器对人类语言的理解能力。随着技术的不断发展和优化，深度学习正成为推动未来创新和发展的关键驱动力。

（三）自然语言处理

自然语言处理专注于让计算机理解和处理人类语言。最开始研究者尝试使用计算机自动翻译语言。然而，由于早期计算能力的限制和语言处理的复杂性，这些初步尝试并未取得显著成功。随着时间的推移，到了 21 世纪初，计算能力的提升和大数据的出现使自然语言处理开始快速发展。机器学习，特别是深度学习模型的引入，如循环神经网络，极大地推动了自然语言处理技术的进步，使机器能理解语言的复杂模式和上下文关系。

现在，自然语言处理已广泛应用于多个领域，如很多电子产品中的智能助手，就是利用自然语言处理技术理解和回应用户的语音指令。在机器翻译领域中，自然语言处理技术使跨语言交流变得更加准确和流畅。还有当前特别火热的生成式人工智能，也是利用先进的自然语言处理算法理解和生成自然语言的。这些模型能够捕捉语言的细微差别、语境关系和文本结构，从而生成连贯、相关的文本。

自然语言处理的发展反映了人工智能领域的重大进步。从早期的自动翻译尝试到今天的智能语音交互和情感分析，自然语言处理已成为连接人类与机器的桥梁，不断拓宽人工智能在现实世界中的应用范围。

（四）计算机视觉技术

计算机视觉技术是一种利用计算机和相关设备对图像、视频等多媒体数据进行分析的技术。其目标是使计算机能够像人类一样"看到"并理解图像或视频中的内容，提取其中的有用信息，从而实现各种应用。

计算机视觉技术主要包括图像处理、图像分析、目标检测与跟踪、模式识别等方面。其中，图像处理是对图像进行预处理，如去噪、增强、变换等操作，以便后续的分析和识别；图像分析是对图像进行特征提取和分析，如边缘检测、纹理分析、形状分析等，以便识别图像中的目标；目标检测与跟踪是在图像中定位和跟踪感兴趣的目标，如人脸、车辆、物体等；模式识别是对目标进行识别，如人脸识别、车牌识别、物品识别等。

与基于文本或语音的智能技术相比，计算机视觉技术专注于视觉数据，处理的是图像和视频内容。这一特性使计算机视觉技术在众多领域中具有独特的应用价值。当前，计算机视觉技术在许多领域都有广泛的应用，如安防监控、智能交通、医疗影像、工业检测、机器人视觉、虚拟现实等。随着计算机技术和人工智能技术的不断发展，计算机视觉技术也在不断创新，为人们的生活和工作带来更多的便利。

（五）强化学习

强化学习是一种机器学习算法，用于训练智能体在环境中做出最优决策。强化学习的基本思想是通过与环境进行交互并接收奖励或惩罚信号来学习最佳策略。这是解决复杂问题的一种智能技术，通过试错和反馈系统，使系统可以在没有人为干预的情况下完善很多任务。

在强化学习中，智能体通过不断地尝试来学习在环境中行动的方法，以获得最大的奖励。智能体通过接收环境的反馈来调整其策略，以提高其性能。与传统的监督学习和无监督学习不同，强化学习不依赖预先标注的数据集，其通过试错的方式学习策略，以最大化长期奖励。这种方法使强化学习非常适合那些需要长期规划和决策的复杂环境，如游戏和机器人导航。

深度学习和强化学习结合会形成深度强化学习，人们利用深度神经网络处理高维度的输入数据，使强化学习可以应用于视觉和语言等更复杂的领域。这种结合在2015年成为公众关注的焦点，当时深度思考（DeepMind）公司的阿尔法围棋（AlphaGo）利用深度强化学习战胜了世界围棋冠军，展示了这一技术的巨大潜力。

目前，强化学习已经被应用于多个领域。在游戏领域中，除了围棋，强化学习还被用于电子游戏和棋盘游戏的人工智能设计。在机器人技术中，强化学习被用来训练机器人执行复杂任务，如行走和操纵物体。综合来看，强化学习是人工智能领域中一个重要的研究方向，也是实现自主决策和智能控制的关键技术之一。

（六）语音识别

语音识别是一种将人类语言转换为计算机可读文本的技术。该技术允许计算机识别和理解人类的语音输入，并将其转换为文本形式。其工作原理是使用麦克风捕捉人类的语音信号，然后使用信号处理和模式识别算法将其转换为文本。

在发展初期，语音识别系统仅能识别极其有限的单词集合，且通常仅限于一个说话者。随着技术的发展，尤其是在 20 世纪 80 年代至 20 世纪 90 年代，隐马尔可夫模型开始被用于语音识别，极大地提高了识别的准确性和效率。如今，语音识别更是取得了很大的进展，常常与其他智能技术组合应用。比如，语音识别与自然语言处理的综合应用，为机器提供了理解和处理语言的入口。语音识别专注于声频信号的处理，而自然语言处理则涉及对转换后的文本进行进一步的分析。

语音识别技术可以用于许多场景，例如语音控制、语音搜索、语音助手等，帮助人们更方便地与计算机和其他设备进行交互，而无须使用键盘或其他输入设备。在客户服务领域中，自动语音响应系统和虚拟客服代表使用语音识别技术来处理客户咨询。未来，随着技术的不断进步和应用领域的不断扩展，语音识别将继续在人们的日常生活和工作中发挥更加重要的作用。

（七）机器人

机器人技术是一种涉及多个学科领域的综合性技术，不单是一种智能技术，还包括机械工程、电子工程、计算机科学等内容。其目标是设计、制造和控制机器人，使机器人能够执行各种任务，如搬运物品、装配产品、进行探索和救援等。

机器人通常由机械部分、电子部分和软件部分组成。机械部分包括机器人的身体、手臂、腿部等，由各种机械部件组成，如电机、齿轮、链条等。电子部分包括机器人的传感器、控制器、驱动器等，用于感知环境、控制机器人的动作、让机器人执行任务。软件部分包括机器人的控制算法、人工智能算法等，用于控制机器人的行为和决策。

机器人技术的历史始于 20 世纪初，当时的概念和实验主要集中在自动机械装置上。而真正的现代机器人技术起源于 20 世纪中叶，当时的研究重点是创建能够执行简单任务的自动化机器。初期的机器人主要在制造业中被用于执行重复性高、精度要求高的任务，如汽车组装线上的焊接和喷漆。随着计算技术的发展，特别是微处理器的出现，机器人开始具备更复杂的控制系统和更高的灵活性。进入 21 世纪，机器人技术经历了显著的变革，这主要得益于人工智能领域的快速发展，尤其是机器学习和计算机视觉技术的进步。这些技术的融合使机器人不仅能够执行预定义的任务，还能够适应新环境，处理更复杂的任务。例如，通过计算机视觉技术，机器人能够识别和定位物体，执行精确的抓取和搬运任务。利用机器学习，机器人可以从经验中学习并优化行为。

机器人技术与其他智能技术的主要区别在于其实体性及与物理世界的直接互动。与纯软件的智能系统相比，机器人将智能算法与机械运动和任务执行相结合。这种结合使机器人能够在现实世界中执行一系列复杂任务，从而使机器人能在多个领域发挥作用。

当前，机器人技术已经广泛应用于多个领域，包括制造业、医疗保健、军事、太空探索、家庭服务等。在制造业中，机器人可以用于装配、搬运、焊接、喷漆等工作。在医疗保健领域中，机器人可以用于手术辅助、康复治疗、护理等工作。在军事和太空探索领域中，机器人可以用于侦察、救援、探索等任务。在家庭服务领域中，机器人可以用于清洁、烹饪、照顾老人和儿童等工作。总体而言，机器人技术的发展不仅体现了工程和计算领域技术的进步，还反映了人类对自动化、智能化解决方案的不断追求。

（八）机器人流程自动化

机器人流程自动化是一种利用软件机器人或机器人来模拟和集成人类在数字系统中交互的操作来执行业务流程的技术。21世纪初，企业开始寻求方法来提高效率和降低运营成本。最初，机器人流程自动化主要用于简单的、重复的任务，如数据输入和基础的文件处理。后来，机器人流程自动化的能力和应用范围不断扩大，开始集成更高级的功能，与其他智能技术的结合为其应用带来了新的维度。例如，集成了机器学习的机器人流程自动化系统不仅能够执行预定义的任务，还能够从经验中学习并优化其性能。结合自然语言处理技术的机器人流程自动化能够处理更复杂的语言和文本任务，如客户服务中的自动回复和信息解析。

机器人流程自动化与物理机器人技术有着本质的不同。物理机器人主要在实体世界中执行任务，如制造、搬运物品或执行精密操作，而机器人流程自动化则完全在数字领域中运作，优化办公室或商业环境中的软件流程。机器人流程自动化的核心是模拟人类用户在软件系统中的操作，如点击、输入、读取数据和处理文件。

在现实工作中，机器人流程自动化已经被广泛应用于多个领域，为企业提供效率和效能上的显著提升。例如，在金融服务行业中，机器人流程自动化被用于自动化交易流程、风险管理报告和客户数据处理。在零售业中，机器人流程自动化用于库存管理、订单处理和客户关系管理。

此外，在公共服务和政府部门中，机器人流程自动化也被用于提高行政流程的效率，如自动化许可证发放和纳税申报过程。

机器人流程自动化代表了信息技术和人工智能领域的一次重要进步，通过自动化的处理方式和优化重复的业务流程，极大地提高了企业的运营效率和灵活性。随着技术的进一步发展，机器人流程自动化将继续扩展其在各个行业中的应用，为企业的数字化、智能化转型提供强大支持。

三、智能技术在企业管理中的应用场景

智能技术在企业中的应用始于 20 世纪 90 年代末至 21 世纪初，当时信息技术和互联网的迅猛发展为智能技术的应用奠定了基础。最初，企业主要利用基础的数据分析和自动化工具来提高效率和降低成本。随着时间的推移，尤其是在近十年中，深度学习、大数据和云计算的快速发展极大地加速了智能技术在企业管理中的应用。这些技术的应用已深刻影响了企业的各个方面，包括客户服务、市场分析、风险管理、流程优化和库存管理等。智能技术的引入不仅提高了企业的运营效率，还帮助企业在竞争激烈的市场中获得了新的洞察能力和创新能力。智能技术已成为现代企业管理和战略规划不可或缺的一部分。

（一）客户关系管理

智能技术在客户关系管理领域中的应用正变得日益普遍和重要，这些技术集合在一起为企业提供了前所未有的客户洞察能力和服务优化能力。

例如，自然语言处理技术在客户关系管理系统中被用于解析客户的查询和反馈，从而提供更加精准的客户支持和个性化的交流体验。通过分析客户的语言和文本数据，自然语言处理技术能够帮助企业更好地理解客户的需求和情感，从而实现更有效的沟通。

机器学习技术在客户数据分析方面扮演着关键角色。利用机器学习

算法，企业能够从大量的客户交互数据中提取有价值的模式和趋势，如购买习惯、偏好和行为特征。这些数据使企业能够更好地预测客户需求，为客户提供定制化的产品和服务。

深度学习技术在处理大规模复杂数据方面显示出其强大的能力，能够帮助客户关系管理系统更有效地处理来自多个渠道的客户数据，如社交媒体、电子邮件和在线聊天记录。通过这种深度分析，企业能够构建更全面的客户画像，并实现更高级的客户细分。

还有，机器人流程自动化技术能够自动化许多日常的、重复性的客户管理任务，如数据录入、报告生成和常规查询的响应。这不仅提高了工作效率，还使员工能够专注于更加复杂和有价值的任务。

将这些技术结合起来，企业可以实现对客户关系的全面和智能管理。例如，一个集成了这些智能技术的客户关系管理系统不仅能够提供高效的客户服务，还能够基于深入的数据分析提供个性化的营销活动和产品推荐。这种集成的系统能够实时监控和分析客户行为，预测客户需求的变化，并快速响应市场趋势，从而使企业在竞争激烈的市场中获得优势。

（二）数据分析和辅助决策

在企业数据分析和辅助决策领域中，各种智能技术的应用正在彻底改变企业处理数据和做出决策的方式。

机器学习，特别是其高级形式如深度学习，正被广泛应用于从大量复杂数据中提取数据和趋势。例如，机器学习模型能够分析历史销售数据，识别影响销售的关键因素，并预测未来的市场趋势。这种预测能力使企业能够更加精确地规划库存、优化定价策略，并制订有效的市场进入策略。此外，自然语言处理技术使企业能够分析大量的文本数据，如客户反馈、市场报告和社交媒体内容，从而获得关于品牌形象、产品表现和消费者情感的深入见解。

智能技术在辅助决策方面同样发挥着关键作用。通过集成了机器学习和数据分析的智能决策支持系统，企业能够更快地做出基于数据驱动的决策。这些系统通过分析各种数据源，提供有关业务运营、财务状况和市场机会的全面视图。举例来说，一个零售企业可能使用这种系统来分析消费者购买行为和市场趋势，以优化其产品组合和营销策略。

当各种智能技术相互结合时，它们能够为企业提供一个全面、动态且适应性强的决策环境。企业能够利用这些技术优化数据处理流程，快速响应市场变化，并做出更加精确和有效的战略决策。随着这些技术的不断进步，企业管理和运营将被持续优化。

（三）办公自动化

在简化和自动化日常重复性任务中，机器人流程自动化是"主角"，能够模拟人类用户的行为，自动执行各种办公任务，如数据录入、报告生成和基本的客户服务操作。这种自动化不仅提高了任务执行的速度和精确度，还使员工能够从烦琐的工作中解放出来，专注于更加复杂的和有创造性的任务。[①]

自然语言处理技术在办公自动化中也起着重要作用，尤其是在处理大量的文本数据和提供语音驱动的交互界面方面。例如，自然语言处理技术可以用于自动化的文档分类、智能信息提取和内容摘要，帮助员工快速获取关键信息。此外，自然语言处理技术还能使办公软件通过语音识别和理解功能，提供更加自然和高效的用户交互方式。

通过使用语音识别技术，员工可以直接用语音输入文本，而无须使用键盘或鼠标，这可以有效提高输入文本的效率。例如，在撰写电子邮件或文档时，员工可以通过语音输入来快速完成文字的录入工作。此外，语音识别技术还可以用于语音控制办公设备，例如打开文件、启动程序等。这使员工可以更加方便地操作计算机和其他设备，无须使用鼠标和

---

① 黄振华. 企业自动化办公软件的应用与价值探讨 [J]. 企业改革与管理，2021（13）：62-63.

键盘，提高了工作的舒适性和便捷性。

各种技术的综合应用可以帮助企业实现更高水平的办公自动化，还可以提高效率。例如，一个综合了机器人流程自动化、自然语言处理、语音识别和机器学习的办公自动化系统不仅能够高效处理日常任务，还能深入洞察业务，帮助企业做出更明智的决策。这种集成系统能够实时监控业务流程，自动识别和解决问题，从而提高整体的运营效率。

（四）风险管理

智能技术在企业风险管理中的应用正成为改变传统风险评估和缓解策略的关键因素。① 机器学习技术在这方面扮演着核心角色，通过分析历史数据和市场动态，该技术能够识别潜在的风险因素和模式。例如，机器学习模型可以分析财务交易数据，以识别欺诈行为或异常活动。通过预测分析，企业能够预见潜在的市场变化和操作风险，从而提前采取措施以减轻可能的损失。

自然语言处理在企业风险管理中的应用同样重要，尤其是在处理和解析大量非结构化的文本数据方面。通过分析新闻报道、社交媒体内容和行业报告，自然语言处理技术能够帮助企业及时了解并响应可能影响业务的外部事件和公众情绪变化。这些信息对于评估品牌声誉风险和合规风险至关重要。

深度学习技术的应用进一步增强了企业风险管理的能力。结合复杂的神经网络模型，深度学习能够处理更大规模的数据集，能够更深入地洞察风险。例如，在金融领域中，深度学习模型被用于分析复杂的市场数据，预测金融市场的波动，帮助企业制订更稳健的投资策略。

当这些技术相互结合时，企业能够构建一个全面且动态的风险管理框架。这个框架不仅能够实时监测和分析内部和外部的风险因素，还能

---

① 张婧雅．人工智能在企业风险管理中的影响与有效应用［J］．商场现代化，2023（14）：95-97.

够预测未来的风险趋势，并自动调整风险化解策略。举例来说，一个大型金融机构可能使用集成了机器学习、自然语言处理和深度学习的系统来监控交易欺诈风险、市场波动和合规问题，从而实现更高效和更精确的风险管理。

（五）物流与库存管理

在物流与库存管理中，提升效率、降低成本和优化操作一直是企业的追求。机器学习技术在这些方面的作用尤为突出，通过分析历史数据和市场趋势，帮助企业预测需求、优化库存水平，并改进供应链管理。例如，机器学习算法可以分析销售数据、季节性变化和市场动态，以预测未来的产品需求，并据此调整库存策略，减少过剩或缺货的情况。

除了智能技术，物联网技术在物流和库存管理中的应用为实时监控和自动化控制提供了可能。通过在仓库和运输车辆中部署传感器，物联网技术能够实时跟踪库存状况和货物流动情况，帮助企业及时调整物流计划和库存水平。通过结合机器学习和数据分析，物联网技术能够深入洞察，帮助企业优化运输路线和库存布局，如图 1-3 所示。

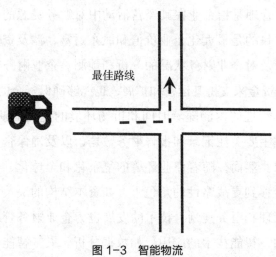

图 1-3　智能物流

　　企业通常会把智能技术和物联网技术相互结合，创造出一个高度智能化和自动化的物流与库存管理系统，用于实时监控库存和货物流动情况，并基于深入的数据分析提供优化建议，从而显著提高整体的运营效率和成本效益。这种集成系统能够自动调整库存水平，响应市场变化，并优化供应链操作。

　　以上这些场景体现了智能技术帮助企业在各个方面实现数字化、智能化转型的方法，从提升运营效率到增强用户体验，再到推动产品创新和洞察市场，全面覆盖企业各大工作环节。这些智能技术的不断进化，将为企业带来更多的机遇和挑战。

第二节　企业财务管理相关认知

一、企业财务管理的内涵与目标

（一）企业财务管理的内涵

　　企业财务管理是指企业在其经营活动中对财务资源的获取、使用和控制的过程，目的是最大化企业价值和股东财富，涉及资金的筹集、分配和管理，以及对企业财务状况的分析和预测。企业财务管理能够确保企业有足够的资金来支持其运营和扩展，也能够确保资金的有效使用。

　　企业财务管理的内涵随着时间和市场环境的变化而演变。在早期，企业财务管理主要关注记录和报告财务数据，以及确保企业的资金运作符合法规要求。然而，随着商业环境的复杂化和全球化，企业财务管理的重点逐渐转移到更战略性的角色上，如资本结构的决策、投资项目的评估、风险管理和财务规划。技术的发展也为企业财务管理不断融入新的元素。例如，智能技术的应用，如数据分析、人工智能等，正在帮助企业更准确地预测市场趋势、优化资金管理和提升决策效率。这促使在现代企业中，企业财务管理不仅关注传统的会计和财务报告，还包括监控企业财务健康状况、预测未来的财务表现、管理市场风险，以及优化资金配置。其要求财务经理不仅要具备扎实的财务知识，还需要具备分析和战略规划能力，以及对市场变化的敏锐洞察力。

总之，企业财务管理作为企业管理的重要组成部分，其角色和重点随着时间的推移和商业环境的变化而不断变化。现代企业财务管理不仅需要处理复杂的财务问题，还需要从战略的角度出发采取一系列措施，从而支持企业的整体目标和长远发展。

（二）企业财务管理的目标

企业财务管理的目标可以划分为宏观目标和微观目标，如图 1-4 所示。这两个目标共同构成了企业财务管理的全貌。这两个目标从不同的层面反映了企业财务管理的核心关注点，宏观目标提供了企业财务管理的长期方向，而微观目标则关注实现这些长期目标的具体操作。两者相辅相成，共同推动企业实现持续的健康发展。

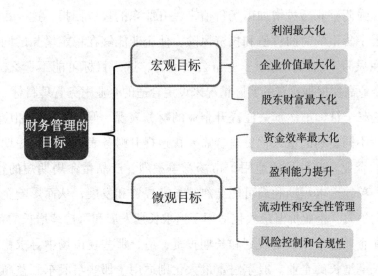

图 1-4 企业财务管理的目标

1.企业财务管理的宏观目标

企业财务管理的宏观目标在于创造和财富，旨在通过高效的财务操作，增强企业的盈利能力和经济效益，进而提升企业整体价值和股东财富。企业财务管理的宏观目标主要包括以下三个小目标。

（1）利润最大化。利润最大化强调通过提高劳动生产率、优化管理和改进生产技术来降低成本，从而提高企业的盈利能力。这一目标注重合理配置企业资源，提升整体经济效益，是反映企业经营成效的直接指标。在这个框架下，利润的增加代表着企业财富的积累，标志着企业向其财务目标迈进。

（2）企业价值最大化。企业价值最大化聚焦企业的市场价值，即企业所有者权益和债权者权益的差值，或者未来通过经营活动创造的现金流量现值。由于未来现金流量带有风险和不确定性，企业财务管理在追求价值最大化的过程中需要对风险和报酬进行综合评估，优化财务决策。

（3）股东财富最大化。股东财富最大化认为企业的主要目的是为股东创造价值，尤其适用于上市公司。这一目标是企业的长期经营行为的体现，强调企业通过增加市场价值来提升股东的投资回报。这一目标同时考虑了货币的时间价值和投资风险，使企业能够在稳定增长的同时规避潜在风险。然而，对于非上市公司而言，这一目标可能不那么适用，因此企业需要根据自身的实际情况来设定合适的企业财务管理目标。

这三个目标虽然都关注提升企业的财务表现，但其关注点和应用情境有所不同。利润最大化更适合需要快速提升财务表现、解决短期财务问题的企业。这种目标适用于市场竞争激烈、产品生命周期短的行业。然而，单纯追求短期利润可能会忽视长期投资和发展，从而影响企业的持续竞争力。企业价值最大化适用于追求长期发展和可持续增长的企业，更关注企业的整体战略规划和长期投资，适合那些在市场中寻求稳定地位和长期增长的企业。股东财富最大化则适用于那些与股东利益高度相关的企业，特别是上市公司。这种目标强调透明度和股东回报，适合那些需要维护投资者信心和吸引更多投资的企业。企业在选择适合自己的企业财务管理目标时，需要考虑自身的市场状况、发展阶段和长期战略。

2.企业财务管理的微观目标

企业财务管理的微观目标着重日常运营中的具体财务活动和决策，旨在提高企业的财务效率和稳健发展的能力。企业财务管理的微观目标具体包括以下几个小目标。

（1）资金效率最大化。资金效率最大化意味着企业需要在筹集、使用资金时做到最高效率。这包括选择成本最低的资金来源、确保资金在企业内部的有效流动，以及对资金进行合理分配，以支持企业的各种经营活动。高效的资金管理可以减少企业的财务成本，提高投资回报率，增强企业的市场竞争力。在实践中，这可能涉及优化支付流程、改善应收账款管理、合理安排现金流量和资本支出等。

（2）盈利能力提升。盈利能力提升意味着通过有效的财务策略和成本控制来提高企业的盈利水平。这包括寻找新的收入来源、提高产品或服务的价格、降低运营成本、提高生产效率等。盈利能力的提升有助于增加企业的净收入，提高企业的市场价值，为股东带来更大的回报。

（3）流动性管理和安全性管理。流动性管理是确保企业具有能够满足短期财务义务和日常运营需要的能力。有效的流动性管理不仅保证企业能够及时支付账单和工资，还能应对突发的财务需求。安全性管理确保企业的资金不受损失，防止盗窃、欺诈和其他财务风险。这一目标的实现是通过建立严格的内部控制、风险管理策略和应急计划来完成的。

（4）风险控制和合规性管理。风险控制和合规性管理涉及评估和管理企业在财务活动中面临的风险，以及确保企业的财务活动符合法律法规和行业标准。这一目标通过建立有效的风险管理框架、进行定期的财务审计和遵守财务报告规范来实现。合规性管理帮助企业避免法律问题和声誉损害，而风险控制是确保企业财务持续增长的重要保障。

这些微观目标在企业财务管理中起着至关重要的作用，它们不仅确保企业的日常运营能够顺畅地进行，还能够支持企业的长期战略目标。通过有效地实现这些微观目标，企业能够在激烈的市场竞争中保持竞争力，实现可持续发展。

二、企业财务管理的职能

为实现企业财务管理的目标，应对企业内部和企业外部的环境变化，企业财务管理应具备以下五大职能，如图 1-5 所示。

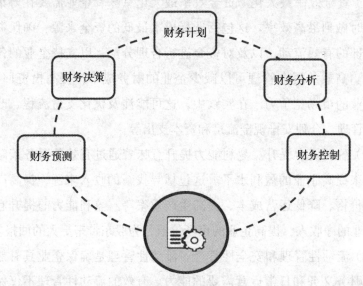

图 1-5　企业财务管理职能

（一）财务预测

财务预测的主要责任是为企业提供一种视角，以预见未来的财务表现和可能面临的挑战，帮助企业制订策略以应对这些预期的情况。财务预测不仅影响着企业的日常运营决策，也对企业的长期战略规划和成功发展至关重要。通过有效的财务预测，企业能够更好地应对市场的不确定性，优化资源配置，并实现长期的稳定发展。

财务预测作为企业财务管理的关键职能之一，是企业进行有效财务规划和决策的基础。例如，基于财务预测，企业可以决定增加或减少某项产品的生产，或者选择合适的时机进行市场扩张。在财务计划方面，财务预测提供了制订长期财务目标的基础，确保企业的财务活动与其整体目标保持一致。财务预测也为财务控制提供了基准，使企业能够监控实际的财务表现与预测之间的偏差，并及时进行调整。在财务分析方面，财务预测帮助分析师理解企业的财务趋势和潜在风险，从而提出合理的建议。

（二）财务决策

财务决策涉及制订和执行与企业财务资源有关的关键决策，包括投资决策、融资决策、分红政策的决定，以及长期财务规划。财务决策的主要责任是确保企业的财务资源被有效利用，以实现企业价值最大化和股东财富的增长。

在投资决策方面，企业财务管理需要评估潜在投资项目的盈利能力和风险，确定值得投资的项目。这涉及对未来收益的预测、资本成本的计算，以及风险评估。融资决策涉及确定最佳的资本结构和资金来源，包括债务和股权的比例、选择不同类型的融资方式（如银行贷款、发行债券或股票），以及相关的成本和条件。分红政策的决定是另一个重要方面，需要平衡再投资企业的需要和股东的回报期望。长期财务规划涉及制订企业未来几年的财务战略，确保财务活动与企业的总体战略目标和市场定位保持一致。

财务决策直接影响企业的财务健康、市场竞争力和未来发展。错误的财务决策可能导致资源浪费、财务风险增加甚至企业失败，而恰当的财务决策能帮助企业抓住机遇、优化资源分配和增强市场地位。

（三）财务计划

财务计划指制订企业的长期和短期财务目标，以及实现这些目标的具体策略和措施。财务计划的主要责任是确保企业的财务资源得到合理规划和有效利用，以支持企业的运营、增长和战略实现。这包括预算制订、资金需求分析、投资规划等。

在预算制订方面，财务计划确定企业在特定时期内的收入目标、支出限额和预期的盈利水平。这有助于企业有效控制成本、合理安排资金流动并确保资源得到最佳配置。财务计划也涉及对企业未来的资金需求进行分析，以确保企业能够应对未来的投资机会和潜在的市场变化。

财务计划为企业的财务决策提供了一个清晰的框架。通过有效的财务规划，企业能够更好地预测和应对市场和经营中的不确定性，减少财务风险，同时优化资金使用效率。一个明确的财务计划也能增强投资者和债权人的信心，提高企业的市场声誉和竞争力。

（四）财务分析

财务分析能够深入分析企业的财务状况，提供对企业经营活动的财务洞察。这包括评估企业的盈利能力、资产状况、负债情况和现金流量，以及对财务报表进行深入分析，从而为管理层提供有价值的信息，以便制订更有效的决策。

财务分析的职责涉及从多个层面评估企业的财务健康状况，包括利润和亏损分析、资产负债表分析、现金流量分析等。通过这些分析，财务分析师能够识别企业运营中的财务趋势、潜在的风险和机遇。此外，财务分析还负责监控和评估企业的财务表现，比较预算和历史数据，以识别运营效率和企业财务管理方面的问题。

财务分析为企业提供了基于事实的信息，帮助管理层做出更明智的财务和运营决策。准确的财务分析能够帮助企业优化资源配置，改进财务和运营表现，提高企业的市场竞争力。财务分析还能预测企业未来的发展趋势，为长期发展和战略规划提供参考。

（五）财务控制

财务控制主要聚焦监督和管理企业的财务活动，确保这些活动符合既定的财务计划和政策。其核心职责包括监测财务表现、把握财务数据的准确性、防止财务欺诈和错误，以及评估和优化企业的财务流程。

财务控制做得好，可以有效地防止和减少企业运营中可能出现的财务风险和损失。通过对预算执行的持续监控、对实际收入和支出的比较分析，以及对企业内部控制系统的评估，财务控制能够确保企业财务活动的透明性和合规性。这不仅有助于提高企业资源使用的效率，还对维护企业声誉和避免法律风险至关重要。

在与其他财务职能的关系方面，财务控制与财务预测、财务决策和财务计划密切相关。例如，财务控制依赖财务预测提供的数据来监测财务表现，确保实际运营结果与预期目标保持一致。与财务决策相互作用时，财务控制能够提供必要的反馈信息，帮助管理层评估决策的成效，并在必要时做出调整。在执行财务计划时，财务控制能够确保计划得以正确实施，并能及时识别偏差，及时采取措施进行纠正。财务控制还与财务分析紧密相连，通过对财务数据的深入分析，财务控制能够识别潜在的问题和改进机会，进而优化企业财务管理的流程。这一过程不仅涉及对财务数据的审核，还包括对内部控制系统的评估，确保企业能够及时发现并应对各种财务风险。

三、企业财务管理活动的主要内容

企业需要对其财务资源进行规划、组织、控制和监督，企业财务管理的活动主要内容包括以下几个方面，如图 1-6 所示。

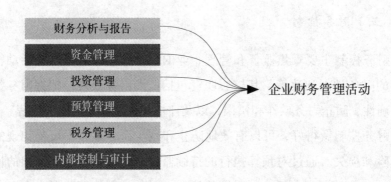

图1-6　企业财务管理活动的主要内容

（一）财务分析与报告

财务分析与报告工作需要对企业的财务状况、运营结果和财务趋势进行综合解读，并将这些信息整合进正式的财务报告。财务分析与报告是企业理解自身财务状况、指导财务决策和沟通企业价值的基石。有效的财务分析与报告不仅能够提高企业的财务透明度和管理效率，还能够增强企业的市场竞争力和持续增长能力。

财务分析工作通过深入分析企业的财务数据，如收入、成本、资产、负债和现金流量等，来揭示企业的财务健康状况和经营效率。这包括评估盈利能力、流动性、偿债能力和资本结构等关键财务指标。

财务报告将财务分析结果以标准化的形式呈现，如利润表、资产负债表和现金流量表等。这些报告不仅向内部管理层提供了决策支持，还向外部的投资者、债权人和其他利益相关方提供了企业财务表现的透明视图。

财务分析与报告对企业的作用是多方面的。首先财务分析能帮助管理层理解企业的财务表现和趋势，支持管理层做出更明智的战略决策。例如，通过分析盈利趋势和成本结构，企业可以调整其产品定价策略或成本控制措施。其次，财务报告是企业与外界沟通的重要渠道，通过这些报告，企业能够展示其稳健的财务和成长的潜力，从而吸引投资者投资，并建立市场信誉。最后，财务分析与报告与其他企业财务管理活动如资金管理、投资管理和预算管理等紧密相关。例如，财务分析的结果可以为资金管理提供关键数据，支持企业在现金流量管理和资金配置上做出更合理的决策。财务报告中的信息对企业的投资管理和预算制订也至关重要，其为企业提供了评估投资项目和制订预算的基础信息。

（二）资金管理

资金管理在企业财务管理中占据着核心地位，主要涉及企业资金的筹集、分配和使用，以确保企业在各个阶段都有充足的资金来支持其发展。这个过程包括监控和管理企业的现金流量、优化资金结构、制订有效的资本预算，以及管理企业的短期和长期资金需求。

在资金的筹集方面，资金管理负责确定最佳的资金来源，这可能包括内部筹资（如留存收益）和外部筹资（如债务融资和股权融资）。选择适当的融资渠道不仅关系到企业资金成本，还影响企业的财务风险和资本结构。在资金使用方面，资金管理需要确保资金被投入对企业价值增长最有贡献的领域，如新项目投资、运营资本管理和业务扩展。

资金管理的一个重要组成部分是现金流量管理，这包括监控企业的现金流入和流出，确保企业有足够的流动资金来满足日常运营需求并应对紧急情况。有效的现金流量管理能够降低企业的运营风险，提高财务稳定性。

资金管理还涉及风险管理和投资回报率分析。企业需要不断评估与资金相关的风险，如利率风险、货币汇率风险和信用风险，同时确保投资项目能够带来合理的回报。

资金管理与企业的其他企业财务管理活动紧密相连。例如，资金管理依赖财务分析提供的数据来制订资金策略，与财务预算管理相互作用来确保资金的有效配置，也与内部控制和审计关联，以确保资金管理的透明性和合规性。资金管理对于企业来说至关重要，其不仅影响企业的日常运营，也对企业的长期发展和战略实施有着深远的影响。通过有效的资金管理，企业可以优化其财务表现，减少财务风险，并为实现企业战略目标提供坚实的财务基础。

（三）投资管理

投资管理致力评估、选择和监控企业的投资项目以确保最大化投资回报和企业价值。这一活动不仅包括决定投资的项目、资产或证券，还涉及确定投资的时间、规模和结构。投资管理的核心是平衡风险与回报，同时与企业的整体战略目标保持一致。这通常涉及财务建模、现金流量分析和风险评估。投资决策一旦做出，投资管理还需要持续监控项目的表现，确保投资实现预期目标，及时调整或撤资以应对市场变化。

投资管理不仅直接影响企业的财务表现和增长潜力，还关系到企业资源的有效配置和长期可持续性。正确的投资管理能够帮助企业实现资产的增值，提高市场竞争力，同时避免不必要的财务风险和资本浪费。

投资管理依赖财务分析提供的深入分析来评估投资项目的可行性，同时与财务预测相结合，可以对未来的市场趋势和资金需求进行准确预测。资金管理为投资管理提供必要的资金支持，确保企业有足够的资金流量进行投资。预算管理也与投资管理紧密相连，为投资决策提供财务框架和限制。

（四）预算管理

预算管理涉及编制详细的预算，该预算涵盖了企业的收入、支出、利润、资本支出和现金流量等各个方面。预算的制订基于对企业未来财务表现的预测，结合了历史数据分析、市场趋势评估和企业战略目标。预算管理不仅能指导企业的财务活动，提高企业的成本效率和资源配置效率，而且对企业的整体经营策略和长期发展产生深远影响。通过有效的预算管理，企业能够保持财务稳健，实现可持续发展。

预算管理的核心职责是确保企业资源得到高效和合理的使用，同时减少不必要的开支。通过设定具体的财务目标和限制，预算管理指导企业的日常经营活动，并对预算执行情况进行定期监控和评估，分析实际财务表现与预算的差异，根据需要进行调整，确保企业的财务活动与其总体战略一致。

预算管理是企业管理中的一种重要方法，在预算管理过程中，企业会将预算目标分解到各个部门和员工，使每个人都明确自己的任务，从而提高员工对成本控制和目标实现的意识，提高企业的整体效益。

（五）税务管理

税务管理的核心职责之一是确保企业遵守各项税法和规定，避免因税务问题引起法律风险和财务损失。这包括准确地计算应纳税额、及时完成税务申报，以及应对税务审计。税务管理还包括税务规划，即通过合法的方式优化税务结构，以减少企业的总体税负。这可能涉及利用各种税收优惠政策、调整业务结构和财务决策，以及进行跨境税务规划等。

税务管理对企业的影响是多方面的。合规的税务处理能够防止企业因违反税法而遭受罚款和声誉损失。有效的税务规划能够显著降低企业的税务成本，提高企业的净利润和竞争力。税务管理还与企业的财务策略和运营决策紧密相关，税收考虑的常常是影响企业投资、融资和运营决策的重要因素。

在与企业财务管理的其他活动的关联性方面，税务管理与财务规划和预算管理等领域密切相关。例如，税务规划通常需要与企业的财务规划和预算紧密结合，以确保税务策略与企业的整体财务目标一致。税务管理还与财务分析和报告相关联，因为税务处理的结果直接影响企业的财务报表和财务指标。

（六）内部控制与审计

内部控制与审计聚焦建立和维护一个有效的内部控制系统，以及通过审计活动来评估和提升这些控制措施的有效性。内部控制涵盖了企业的各个方面，从财务报告的准确性到运营效率的提升，再到遵守法规和防止欺诈行为。有效的审计能够减少企业运营的风险，增强投资者、债权人和其他利益相关方的信心。

内部控制能保障企业资产的安全，确保财务信息的准确性，同时提高企业运营的效率。这通常涉及制订和实施各种政策和程序，如财务报告流程的标准化、资金管理的规范、风险管理策略，以及遵守法律法规的措施。审计是对内部控制有效性的一种独立评估，包括内部审计和外部审计。内部审计由企业内部的审计部门执行，旨在持续评估和改进内部控制系统。外部审计通常由独立的第三方（如会计师事务所）进行，主要目的是对企业财务报告的准确性和合规性给出意见。

强大的内部控制系统能够支持高效的资金管理和精确的财务预测，同时为投资管理和预算管理提供坚实的基础。内部控制与审计结果也为财务分析提供了重要的输入，帮助企业优化财务策略和业务流程。

第三节　智能技术发展对企业财务管理的影响

一、智能技术发展对企业财务管理目标选择的影响

（一）宏观目标选择

企业在选择企业财务管理宏观目标时，会重点考虑平衡这些目标的方法。传统的宏观目标在智能技术的影响下，其优先级和实现路径发生了变化，企业对于长期可持续增长和综合价值创造更加重视，同时对短期

利润最大化目标的侧重程度有所降低。这种变化既反映了智能技术带来的新机遇，也反映了市场和投资者对企业责任和可持续发展的日益关注。

具体而言，过去，利润最大化一直是企业的主要目标之一。然而，在智能技术的推动下，企业开始更加关注长期可持续增长而非短期利润。这是因为智能技术，尤其是数据分析、人工智能和机器学习，为企业提供了对市场趋势、消费者行为和业务流程的深入洞察，使企业能够基于更加全面和精准的信息做出决策。这些技术使企业能够在短期利润之外，更有效地识别和把握长期增长机会，如通过创新来开发新市场、通过改进运营效率来降低成本，或者通过数据驱动的策略来提升客户满意度和忠诚度。

智能技术的发展也使企业在选择宏观目标时需要更加重视数据安全和伦理问题。随着企业越来越依赖数据驱动的决策，数据的安全性和使用的伦理性成为不可忽视的问题。因此，企业既需要追求财务目标，也需要确保自身的数据处理和技术应用符合法律法规和伦理标准。

这种对长期价值和可持续增长的重视在很大程度上是积极的，这不仅有助于提升企业的市场竞争力，还有助于建立企业的良好声誉和公众形象，从而吸引更多的投资者和客户。长期来看，这有助于企业实现更稳健和可持续的增长。

然而，这种变化也带来了一定的挑战。例如，对长期价值的追求可能会导致短期利润承压，特别是在技术和创新需要大量投资时。对数据安全和伦理的关注要求企业在技术应用上投入更多的资源和注意力，确保企业遵守相关法律法规。不过，这些挑战抵不过这种变化对企业的长期发展的有益之处。企业需要平衡短期利润和长期价值的追求，确保既能利用智能技术带来的新机遇，也能够应对相关的挑战。

（二）微观目标选择

智能技术的发展对企业财务管理微观目标产生的综合影响体现在一系列相互关联的领域中，从而形成一个相互支撑、协同增效的系统。

资金效率的最大化受益于智能技术提供的精准数据分析和流程自动化，这不仅加快了资金流转速度，也优化了资金的配置。这种效率的提升直接影响到流动性和安全性管理，因为更高效的资金运用意味着更强的流动性和应对突发情况的能力，同时智能系统在监测和预防财务风险方面也发挥着重要作用。智能技术提高的资金效率和流动性管理为企业的盈利能力提升创造了良好的基础。智能技术的应用帮助企业在市场分析、成本控制和运营优化方面做出更加精准的决策，从而提高收入和降低成本。智能技术在风险控制和合规性方面的应用，如实时数据监控和风险预测模型，进一步保障了企业的财务稳健和合规运行，为盈利能力的提升提供了安全保障。

这些微观目标在智能技术的作用下，不再是孤立的单元，而是相互关联、相互促进的。资金效率的提升为流动性和安全性管理提供了更强的支持，而强化的风险控制又为盈利能力的提升提供了坚实的基础。在这个过程中，智能技术不仅提高了各项财务活动的效率，也使这些活动更加紧密地联系在一起，共同推动企业财务管理目标的实现。

总的来说，智能技术的发展对企业财务管理微观目标的综合影响是积极的，通过提高效率、加强风险控制和优化决策，使企业能够更好地应对复杂多变的市场环境，实现财务可持续发展。这种综合影响不仅改善了企业的日常财务操作，也为企业的长期战略目标提供了支持。

二、智能技术发展对企业财务管理活动的影响

（一）对企业财务管理工作方式与效率的影响

智能技术使企业财务管理活动的工作方式发生了根本性的变化，这些变化不仅提高了工作效率，也增加了工作的战略价值。[①]

---

① 董小红. 人工智能技术对企业财务管理的影响与运用［J］. 财会学习，2022（35）：4-6.

例如，在资金管理方面，智能技术特别是机器学习和人工智能的应用，彻底改变了企业管理和预测资金流量的方法。在智能技术的帮助下，企业能够通过自动化工具实时监控现金流量，准确预测未来的资金需求。这种实时性和预测能力的提升意味着企业能够更加灵活地应对市场变化，优化资金分配，降低资金成本。例如，通过分析历史数据，智能系统可以预测特定时期的现金流量短缺情况，并提前采取措施，比如重新安排付款计划或调整资金配置，从而避免现金流量危机。这种高效的资金管理方式对于企业来说是极具价值的，因为直接关系到企业的财务稳健和成本控制。

在财务分析与报告方面，智能技术的应用极大地提高了数据处理和分析的效率。传统的财务报告工作往往是劳动密集型的，需要投入大量的时间和人力来收集、整理和分析数据。然而，随着智能技术的引入，这些工作可以自动化完成，这不仅有效减少了时间成本，还提高了数据分析的准确度和深度。智能分析工具能够快速处理大量复杂的财务数据，比如盈利能力分析、成本结构分析和风险评估。这些数据对企业制订战略决策至关重要，为企业提供了准确的数据支持，帮助管理层更好地理解企业的财务状况和市场环境。

不过，智能技术的发展既对企业财务管理活动的工作方式带来显著改变，也给企业带来了挑战。企业需要在技术和数据处理方面投入更多的资源，保证数据的准确性和安全性，以便充分利用智能技术带来的优势。

（二）对企业财务管理工作质量与价值的影响

智能技术的发展对企业财务管理活动的工作质量与价值产生了显著影响，尤其在税务管理和内部控制与审计两个领域表现得最为明显。这些影响主要体现在提高数据处理的精度、增强分析深度，以及优化决策过程上。对企业而言，这些变化是极其有利的，它们不仅提升了企业财务管理的效率，还增强了企业的战略价值。

在税务管理方面，智能技术的应用极大地提高了税务处理的精度和效率。智能税务系统可以自动处理税务申报和计算，减少人为错误和提高处理速度。通过利用智能技术进行税务数据分析，企业能够更有效地进行税务规划和风险管理，优化税负。例如，智能系统能够帮助企业识别适用的税收优惠政策，预测税务变化对企业的影响，从而帮助企业做出更有利的决策。这不仅降低了税务管理的成本，还增加了企业在税务合规性方面的可信度。

对于内部控制与审计而言，智能技术的引入改变了传统的监控和审计方法。通过使用人工智能和数据分析工具，企业能够实现对财务活动的实时监控和自动化审计。例如，通过部署智能监控系统，企业可以持续跟踪财务交易，快速发现异常或欺诈行为，从而及时采取行动以防止潜在的损失。智能审计工具能够处理大量数据，提供深入的分析，帮助审计师识别风险和不规范的财务操作。这种技术驱动的内部控制和审计方法提高了整个审计过程的效率和有效性，也为管理层提供了更全面的信息，帮助他们更好地理解和管理企业的风险。

（三）对企业财务管理工作流程与组织体系的影响

智能技术的发展对企业财务管理的工作流程和组织体系产生了积极的影响，主要体现在工作流程的自动化和组织体系的去中心化上。这些变化使企业能够更加高效地处理财务信息，使企业财务管理更加透明，同时促进了决策的分散和响应速度的提升，带动了组织内部的协同工作。

在工作流程上，智能技术的引入改变了企业财务管理流程中各环节的对接方式。在传统流程中，财务数据的收集、处理和报告往往需要多个部门间烦琐的手工协作，这不仅耗时，而且容易出错。智能技术，尤其是自动化工具和云计算平台的应用，使这些环节可以无缝对接，提高了工作效率。例如，采购系统和财务系统的直接集成可以自动化处理订单和付款信息，减少了财务部门与采购部门间的沟通成本。云计算平台使不同地理位置的团队可以实时共享和处理财务数据，加强了跨部门和跨地域的协作。

在组织体系方面,智能技术的影响主要体现在推动了企业财务管理的去中心化。随着云技术和移动应用的普及,财务信息和工具不再局限中心财务部门,而是可以在整个组织范围内广泛访问和使用。这种变化使决策过程更加分散和快速,提高了企业对市场变化的响应能力。例如,地区经理可以直接在移动设备上访问实时财务数据,快速做出基于数据的地区业务决策,而无须等待总部财务部门的汇总和分析。智能技术的发展促使企业财务管理体系朝着更加分散和灵活的方向发展。在传统的集中式企业财务管理体系中,决策权和控制权主要集中在总部的财务部门,这种体系在处理大量标准化工作时效率较高,但在快速响应市场变化和个性化需求方面存在局限。智能技术的应用,特别是云计算和移动技术的发展,使财务信息和工具可以更广泛地分布和访问,支持了更加分散和协作的工作方式。例如,云基础的财务系统使各地的分支机构能够实时访问和处理财务数据,加快了决策流程,也增强了对地方市场的适应性。

三、智能技术的发展促成企业财务管理转型

智能技术从以下三个方面促成了企业财务管理的转型,如图1-7所示。

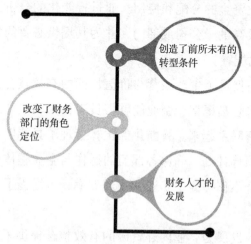

图1-7　智能技术的发展促成企业财务管理转型

（一）创造了前所未有的转型条件

智能技术的发展为企业财务管理的转型创造了前所未有的条件，这些条件不仅涉及技术层面的革新，也包括管理理念的更新和操作模式的变革。在这个过程中，智能技术作为一个核心驱动力，深刻影响着企业财务管理的每一个方面。在智能技术的推动下，企业财务管理正逐步向更加智能化、集成化和战略化的方向发展。

智能技术，如人工智能、大数据、云计算等，为企业内部信息整合提供了强大的技术支持。通过这些技术的应用，企业能够有效整合商流、物流、人流和资金流，构建起一个全面的信息平台。这不仅消除了信息的孤立性和滞后性，也提高了企业管理的效率和质量。例如，利用大数据技术，企业可以更准确地分析市场趋势和消费者需求，从而通过云计算平台实现信息的实时共享和处理。这种信息的整合使企业在决策过程中能够基于更全面和及时的数据进行分析和规划。

智能技术的发展改变了企业内部资源配置的方式。传统的行政化资源配置方式在现代企业中已捉襟见肘，而市场化的资源配置方式逐渐成为主流。在这种背景下，智能技术的应用使企业可以更高效地利用内部资源，从而优化资金的分配和使用。通过智能化的分析工具，企业能够准确识别效率较高的子公司或部门，并为其提供必要的资金支持，从而实现资金的最优配置。

智能技术还促进了生产经营与价值目标的有效整合。通过构建以预算体系为核心的管理框架，企业能够将员工行为和生产经营活动与企业的财务目标紧密联系起来。智能化的预算管理工具能够帮助企业更准确地制订和执行预算计划，确保各部门的运作与企业整体的财务目标保持一致。这种整合不仅提高了企业的管理效率，也增强了财务目标实现的可能性。

智能技术的发展为企业内外资源的有效整合提供了条件。在数字经济和信息化的趋势下，企业财务管理不仅需要关注内部资金的运用，还需要注重外部资源的整合和利用。智能技术使企业能够更加灵活和高效地与外部市场进行互动，通过构建基于价值链和价值网络的管理模式，实现内外部资源的有效整合。这不仅提高了企业资金运用的效率，也促进了企业价值的最大化。

（二）改变了财务部门的角色定位

在智能技术日益发展的当代，企业财务部门的角色正在经历一场根本性的转变。这种转变不仅是对企业财务管理工作方式的更新，更是对财务部门角色和定位的重新思考。智能技术，如人工智能、大数据分析和自动化工具，正在将财务部门从传统的记录和报告职能转变为一个更加战略性的业务伙伴。

传统上，财务部门主要聚焦事务性工作，如账目记录、财务报告和合规性监督。这些任务虽然重要，但往往被视为企业运营的支持功能，而不是核心战略的一部分。然而，随着智能技术的应用，财务部门的角色正在发生显著变化。现代财务人才不再仅仅是数据记录者和报告制作者，而是成为企业战略规划和决策过程中的关键参与者。

智能技术使财务部门能够超越传统的数据处理和分析，为企业提供更深入地洞察。例如，通过利用大数据分析，财务部门可以洞察市场趋势、客户行为和竞争对手的动态，这些信息对于制订有效的市场策略至关重要。人工智能技术可以帮助财务人才预测财务趋势和风险，为企业风险管理和资源配置提供强有力的支持。

在这种新的角色下，财务部门的工作重心从事务处理转移到战略规划和咨询服务。财务人才需要利用智能化的分析工具提供的数据来支持业务决策，参与企业的战略规划中去。这意味着财务人才不仅需要掌握财务专业知识，还需要了解并会运用相关的技术工具。例如，他们需要能够利用数据分析软件来解读复杂的数据集，使用预测模型来评估各种财务决策的潜在影响。

智能技术还使财务部门能够更有效地与企业的其他部门合作。通过实时的数据共享和分析，财务部门可以与市场、销售、生产等部门密切协作，共同推动企业战略的实施。这种跨部门的合作不仅提高了整个企业的运作效率，也使财务部门能够在企业中发挥更大的影响力。

智能技术的发展使企业财务部门的角色定位发生了显著转变，将财务部门从传统的支持功能转变为企业战略规划和决策的核心参与者。在这种新的角色下，财务部门不仅需要掌握财务专业知识，还需要掌握相关的技术工具，能够为企业提供深入的业务洞察和有效的决策支持。这种转变不仅是企业财务管理方法的更新，更是财务部门定位的深刻变革。通过智能化的企业财务管理，企业能够更有效地实现战略目标，提升整体竞争力。

（三）推动了财务人才的发展

财务人才的发展对于促进企业财务管理的转型起着关键作用。一方面，具备新技能的财务人才能够更好地利用智能技术，提高企业财务管理的效率和质量。另一方面，他们也能够将企业财务管理从传统的支持者的角色转变为更加战略性的角色。通过洞察数据和参与战略规划，财务人才使企业财务管理成为推动企业发展的重要力量。

随着智能技术的融入，财务人才需要掌握新的技能，如数据分析、技术应用和战略规划等。这促使财务人才的技能和角色不断发展，并且能适应新的技术环境。这种变化不仅是对技能的简单更新，而是对财务职能本身的重塑。这一转型在财务人才的发展上表现为对新技能的需求，这些新技能包括数据分析、技术应用、战略规划等。

在智能技术背景下，财务人才不再只是数字的记录者和报告的制作者，他们需要成为数据的解读者、分析的提供者和战略的参与者。数据分析成为财务人才的核心技能之一。他们需要利用大数据分析工具，从大量的财务数据中提取有价值的信息，支持更加精准和高效的决策制订。例如，通过分析销售数据和市场趋势，财务人才可以帮助企业识别增长机会和潜在风险，从而为企业的战略规划提供支持。

技术应用能力也成为财务人才必须具备的技能。随着云计算、人工智能等技术在企业财务管理中的广泛应用，财务人才需要熟练掌握这些技术，以便更有效地进行财务分析、预算编制和撰写财务报告。技术应用能力的提升不仅提高了企业财务管理的效率，也增强了财务数据的可靠性。

战略规划能力的提升也成为财务人才发展的重点。在智能技术支持下，财务部门可以更加深入地参与企业的战略规划。财务人才不仅需要对财务数据进行分析，还需要将这些分析结果与企业的长远目标和市场环境相结合，为企业制订有效的战略规划提供建议。这要求财务人才不仅要有深厚的财务知识，还要有广泛的业务知识和战略思维。

总之，智能技术的发展推动了财务人才技能和角色的更新，这不仅是企业财务管理转型的一个重要方面，也是促进这一转型的关键因素。随着技术的不断发展，财务人才将继续发展新的技能，以适应不断变化的企业财务管理环境，推动企业财务管理向更加智能化、战略化和有价值化的方向发展。

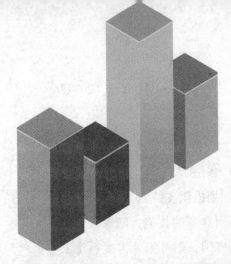

第二章 企业财务管理智能化转型概述

企业财务管理的智能化转型不仅是技术的革新，更是企业运营和管理思维的深刻变革。企业财务管理的智能化转型的每一阶段都标志着企业在智能化道路上的深入和成熟。在这一过程中，企业将体验到企业财务管理从传统手工操作向自动化、智能化的重大转变，这不仅极大地提高了工作效率，也为决策提供了更精准的数据支持。智能化转型为企业财务管理领域带来的价值是多维的，其不仅丰富了企业财务管理的理论内涵，为学术研究提供了新的视角和研究对象，也对企业管理实践产生了深远影响，帮助企业实现了财务流程的优化和管理效能的提升。然而，企业实现这一转型并非易事，这要求企业在顶层设计、基础设施建设，以及组织协同等多方面进行周密规划和系统布局。

第一节 企业财务管理智能化转型的发展阶段

企业财务管理智能化转型大致会经历四个阶段，如图 2-1 所示。

成熟与战略转型阶段

广泛应用与优化阶段

初步应用与集成阶段

实验与探索阶段

图 2-1　企业财务管理智能化转型的发展阶段

这个转型过程不是线性的，不同企业可能会根据自身的需求和资源在不同阶段之间来回轮换。重要的是，企业需要持续评估自身在智能化转型过程中的位置，并根据市场和技术的发展不断调整策略。

一、实验与探索阶段

（一）阶段概况

实验与探索阶段的背景是在 21 世纪初，随着信息技术和互联网的迅猛发展，企业财务管理开始面临前所未有的变革机遇和挑战。这一时期，新兴的智能技术，如人工智能、大数据、云计算等，开始向各行各业渗透，包括企业财务管理领域。全球化的市场环境和日益复杂的商业运作，要求企业财务管理不仅要精确高效，还需要具备足够的灵活性和预见性以适应快速变化的市场。

在这个背景下，大型企业和科技先锋公司开始成为探索智能技术在企业财务管理中应用的先行者。这些企业通常具备较强的技术基础和充足的资金支持，能够投入资源进行技术研发和应用试验。他们看到了智能技术在处理海量数据、提升操作效率，甚至进行复杂决策支持方面的巨大潜力，因此开始尝试将这些技术融入企业财务管理的各个方面。

在此时期，智能技术尚处于起步和发展阶段，很多应用还不够成熟，企业还在探索将这些技术有效地应用于企业财务管理的方法。例如，一些企业开始尝试使用基础的自动化工具来处理发票和账目录入工作，以减轻财务部门的工作负担，提高数据处理的速度和准确性。有的企业开始利用初步的数据分析工具来挖掘财务数据中的趋势和模式，为管理决策提供支持。

然而，由于技术和市场的局限性，这些尝试往往局限特定的项目或业务流程，而没有在企业层面形成广泛和系统的应用。这个阶段的尝试和探索虽然有限，但为后续企业财务管理智能化转型奠定了基础，为未来的应用提供了宝贵的经验。

实验与探索阶段是企业财务管理智能化转型的一个关键起点。在这一阶段，尽管当时技术成熟度和应用范围有限，但先行企业的探索性尝试已经开始揭示智能技术在提高企业财务管理效率、准确性，以及决策支持方面的潜力。这些初步的尝试和探索为后续更广泛、更深入的智能化应用打下了坚实的基础，对整个行业的企业财务管理模式产生了深远的影响。

（二）企业特点

在企业财务管理智能化转型的实验与探索阶段，率先踏入这一未知领域的通常是规模较大、资源充足的企业，特别是那些科技领域的领头羊。这些企业的特点构成了智能化转型早期景观的核心。

这些企业通常拥有雄厚的资金实力，这一点对于探索新兴技术至关重要。智能技术的研发和应用需要巨额的投资，包括购买或开发先进软件和硬件、培训员工，以及进行必要的组织结构调整。这些企业通常拥有足够的财力来承担这些初期投资和随之而来的风险，而这种投入对于中小型企业而言往往是一个巨大的挑战。

这些企业在技术基础方面通常处于行业领先地位。许多科技巨头，不仅在自己的主营业务中运用最前沿的技术，也不断探索将这些技术应用到其他领域，包括企业财务管理。这种技术领先的优势使企业能够更快地理解、吸收和应用新兴的智能技术。

值得一提的是，这些企业往往拥有更开放和更创新的企业文化。智能化转型不仅是技术上的转变，也是组织文化和思维方式上的重大调整。这些企业通常鼓励创新思维，这种企业文化为智能化转型提供了肥沃的土壤。

实验与探索阶段的企业特点体现了智能化转型在早期阶段的局限性和挑战性。尽管如此，这些企业的探索对于整个行业而言具有示范作用，为后续的智能化转型趋势提供了宝贵的经验。随着技术的发展和成熟，更多企业开始加入智能化转型的行列中，这一阶段的探索和尝试成为推动整个领域进步的重要力量。

（三）企业财务管理转型内容

在企业财务管理智能化转型的实验与探索阶段，转型内容主要集中在自动化数据录入和基础数据分析上。在这一阶段，虽然智能技术应用尚处于起步阶段，但其对企业财务管理活动的影响已开始显现，为后续的深度转型奠定了基础。

自动化数据录入最直接的应用是将手工录入的数据转变为自动化处理。例如，通过使用扫描软件和光学字符识别（optical character recognition, OCR）技术，企业能够自动识别和录入发票、收据等财务文件中的数据。这种转变显著减少了数据录入所需的时间，提高了财务整体的处理速度。相比人工录入，自动化减少了数据处理中的错误，提高了数据的准确性，还减少了对财务人才的依赖，降低了人力成本。

初步数据分析则更多地体现在对财务数据的基础解读和预测上。通过数据分析工具，企业能够从财务数据中提取出关键的业务信息。例如，通过分析销售收入和成本数据，企业可以更好地理解企业的盈利结构和成本控制的效果，为管理层提供了基于数据的决策支持，提高了决策的质量。同时，数据分析揭示了财务数据背后的业务趋势，为企业的战略规划提供了依据。

尽管在实验与探索阶段，这些应用的深度和广度都有限，但这些应用对企业财务管理活动产生了显著影响。自动化数据录入和初步数据分析的应用，不仅提高了财务操作的效率和准确性，还为企业提供了更及时和深入的财务信息。这些早期的尝试为企业在企业财务管理领域的进一步智能化探索提供了基础和信心。通过这些初步的应用，企业开始认识智能技术在企业财务管理中的潜力，这不仅是一个技术上的改进，更是对企业财务管理模式的初步重塑。虽然这一阶段的应用可能还未触及企业财务管理的核心，但其标志着企业财务管理逐渐向智能化、自动化转变，为后续企业更深层次的转型和创新铺平了道路。

二、初步应用与集成阶段

（一）阶段概况

随着时间的推移，各类技术逐渐成熟。这些技术的发展降低了技术成本，提高了技术的可访问性，使更多企业，包括中型甚至一些小型企业，也开始考虑将这些技术应用到企业财务管理中。与此同时，全球化竞争的加剧和市场环境的复杂化要求企业财务管理不仅要高效、准确，还需要具备更强的数据处理能力和决策支持能力。

在这一阶段，企业开始更广泛地探索将智能技术集成到企业财务管理的各个方面。这不仅涉及基础的数据处理，还包括预算编制、财务规划、风险管理等更复杂的财务活动。例如，企业可能会使用更高级的数据分析工具来进行财务预测和风险评估，或者利用云计算平台来提高财务数据处理的灵活性和效率。这些技术的应用使财务报告不仅更加迅速和准确，而且能够提供更深入的业务信息，支持企业的战略决策。

另外，这一阶段也见证了企业内部对智能技术的更广泛地应用。随着技术的普及和员工对这些工具的熟悉，企业开始重视培养员工的数字技能，以便更好地利用智能技术。

企业财务管理智能化转型的初步应用与集成阶段，标志着智能技术从实验性质的尝试走向更深层次的集成和应用。这一阶段的背景是多方面的，不仅涉及技术的成熟和普及，还包括市场需求的变化和企业内部管理需求的升级，增强了财务部门在企业决策中的作用，使企业财务管理成为企业战略规划和市场适应的重要力量。然而，这一阶段也带来了新的挑战，如需要更好地管理和保护日益增长的数据量，以及需要不断更新技术和提升员工技能以跟上技术发展的步伐。

（二）企业特点

在企业财务管理智能化转型的初步应用与集成阶段，转型企业呈现多样性，这种现象反映了市场和技术的快速发展。这一阶段不再仅仅局限大型企业或科技巨头。随着智能技术的成本降低和可访问性提高，中型甚至一些小型企业也开始加入智能化转型的行列，在特定的企业财务管理领域，如预算编制、财务报告或风险管理中，寻求智能化的解决方案。

企业在这一阶段的智能化转型主要集中在引入智能数据处理工具。通过集成这些工具到现有的企业财务管理系统中，企业能够提高数据处理的效率和准确性。不过，并非所有企业都有足够的资源进行技术研发。大型企业可能倾向内部开发或定制开发智能化企业财务管理系统，而中小企业在资源和技术能力上可能不足以进行大规模的技术研发。因此，中小企业更倾向采用市场上现成的解决方案。例如，一些中小企业可能会采用云基础的企业财务管理软件，这些软件提供了一些自动化功能和数据分析工具，无须大量的初始投资。这些工具通常具有良好的用户体验和较低的学习曲线，使中小企业能够迅速迈出智能化转型的第一步。当然，智能化转型是一个逐步的过程。他们可能在一些基础的财务操作上实现自动化，然后逐渐扩展到更复杂的分析和决策支持领域。

初步应用与集成阶段见证了企业财务管理智能化转型的扩展和深化。在这一阶段，不同规模的企业都开始探索和实现智能化转型，虽然转型方式和程度各有不同。对于大型企业而言，这可能意味着更加深入的技术集成和定制化开发；中小企业更多体现在利用现成的智能化工具来提升企业财务管理的效率和效果。这一阶段的转型对于提高整个行业的企业财务管理水平，加强数据驱动的决策过程，具有重要的意义。

（三）企业财务管理转型内容

在企业财务管理智能化转型的初步应用与集成阶段，人们见证了企业从单纯的技术实验走向更系统地整合智能技术到企业财务管理的各个方面。特别是在中小型企业中，智能技术由于成本降低和易用性提高，开始被更广泛地应用。在这一过程中，企业不再局限尝试基本的自动化工具，而是开始探索将这些工具和系统更深入地集成到企业财务管理的核心活动中的方法。

在这个阶段，自动化技术的应用扩展到了更复杂的财务操作领域。例如，自动化不再仅仅被用于简单的数据录入，而是开始涉及整个账目管理、财务报告编制甚至是税务处理的过程。这一转变的效果是显著的，不仅大幅提升了财务操作的效率，减少了人为错误，也为财务人才释放了时间，使他们能够将更多的精力投入需要更高层次的分析和决策支持的工作上。

数据分析工具在这个阶段得到了更深入的应用。企业开始使用这些工具来进行更复杂的财务分析，如预测未来的财务趋势、分析成本结构、评估投资回报等。这些分析为企业提供了更深入的业务信息，支持企业进行更精准和更具前瞻性的决策制订。同时，云计算、移动技术与智能技术的集成极大地提高了财务数据的可访问性和操作的灵活性。云计算使财务数据和系统可以在任何地点被访问和处理，这对于分布式的团队和远程工作尤为重要。移动技术的应用，如移动端的财务应用程序，进一步增强了这种灵活性，使财务决策和操作可以更加及时和便捷地进行。

初步应用与集成阶段的企业通过深入的数据分析，能够获得更加翔实和前瞻性的业务信息，从而在市场竞争中保持领先，这一现象标志着企业开始更全面和深入地应用智能技术，为企业财务管理的未来发展奠定了坚实的基础。

三、广泛应用与优化阶段

（一）阶段概况

企业财务管理智能化转型的广泛应用与优化阶段是一个以技术进步为核心、以数据驱动决策为指导的新阶段。这个阶段不仅建立在之前实验与探索阶段、初步应用与集成阶段的基础上，而且是在数字化转型的推动和日益增长的数据重视程度下逐渐形成的。在这一阶段，智能化应用和优化不仅成为企业财务管理的主流趋势，更是企业运营模式转变的标志。

在广泛应用与优化阶段，企业开始更加注重智能技术在整个企业管理系统中的集成应用。技术的应用范围从最初的单一功能扩展到了企业运营的各个层面。例如，企业不仅利用智能技术处理财务数据，还开始运用这些技术进行市场分析、客户行为预测、供应链优化等。通过这种全面的应用，企业能够更加精准地理解市场和客户需求，更加有效地制订企业战略和运营计划。

此外，财务部门的角色在这一阶段也发生了显著的变化。财务人才不再仅仅是数据的记录者和处理者，而是变成了数据的解读者和业务的参与者。他们开始更多地参与财务分析、预测建模、战略规划等高级别的工作。这一变化对财务人才提出了更高的要求，不仅要求他们具备传统的财务知识，还需要掌握数据分析、技术应用等新技能。

为了适应这一转型，企业需要对组织结构和人才培养策略进行调整。企业需要在技术引进的过程中管理好组织变革，确保员工能够顺利适应新技术和新工作方式。这可能包括提供新技能的培训、调整工作流程和职责分配、鼓励跨部门的协作和沟通等。通过这些措施，企业能够确保技术的有效应用，同时促进员工的职业发展和技能提升。

总而言之，在广泛应用与优化阶段，企业财务管理的智能化转型不仅是技术层面的更新，更是企业财务管理思维和实践方式的深刻变革。通过这一转型，企业能够提高企业财务管理的整体效率和效果，更好地适应快速变化的市场环境，实现可持续的发展和竞争优势。

（二）企业特点

在企业财务管理智能化转型的广泛应用与优化阶段，企业特点呈现显著的多样性。这一阶段的企业不再局限具备积极转型意识的大中小企业，很多企业不知不觉间被推着迈入智能化转型行列，因为在上下游企业、合作商都转型的情况下，很少有企业能做到完全不对接。这也显示出智能化技术在企业财务管理中的普遍应用。

早期迈入智能化转型行列的那一批企业普遍具备较高的技术成熟度。他们不仅理解智能技术的基本应用，还能够深入挖掘这些技术在企业财务管理中的潜力，如利用机器学习进行高级财务分析和预测。这些企业通常已建立以数据为中心的决策文化，重视从财务数据中提取信息，并将这些信息应用于战略规划和日常运营决策。与初步应用与集成阶段相比，这些企业在技术应用上更加全面。他们不仅将智能化技术应用于财务数据处理，还将其扩展到风险管理、资本决策等更复杂的财务领域。

而其他进程较为缓慢的中小企业，亦普遍开始广泛应用智能技术。从基础的自动化到复杂的数据分析，智能化技术被集成到企业财务管理的各个环节。

当前恰好处于初步应用与集成阶段迈向广泛应用与优化阶段的过渡时期，智能化转型的风潮已经融入很多小微企业管理理念中，而那些比较敏锐的企业更是早早意识到智能化企业财务管理即将从一种新兴趋势转变为行业标准。在未来的商业环境下，智能技术在企业财务管理中的应用不再是一个选择，而是成为一种必要。

（三）企业财务管理转型内容

企业财务管理智能化转型广泛应用与优化阶段的要点是智能技术在财务领域的应用变得更加成熟、全面，并且开始深入企业的核心财务决策和战略规划。

数据分析的角色在企业财务管理中变得更加关键。智能技术使数据分析从传统的描述性和诊断性分析转变为更加战略性和预测性的分析。企业能够利用先进的分析工具，如机器学习和人工智能，进行深入的市场趋势预测和行为模式分析。这种分析包括对财务数据整个企业生态系统的综合分析，以支持更复杂和更具前瞻性的决策制订。这种预测能力使企业能够更主动地应对市场变化，制订更符合未来市场趋势的战略规划。例如，通过对市场数据和内部财务指标的深入分析，企业能够预测销售趋势，提前调整生产计划和库存策略，从而提高效率和降低成本。

财务流程的自动化也达到了新的高度。企业不只有日常的账务需要处理，如账单支付和财务报告的编制，在资本管理和内部审计等更复杂的财务任务中，企业也开始利用自动化工具来提高效率和准确性。这种全面的自动化才是真正意义上的自动化，而不是人工辅助的半自动化。同时，智能技术在这一阶段的应用不仅局限财务部门，而是与企业的其他业务流程深度整合。财务系统与营销、供应链、人力资源等其他业务系统的集成，使信息流动更加顺畅，决策更加全面和及时。这种整合也带来了对业务流程的重新设计，实现了更加高效和透明的企业管理。

在这一阶段，企业财务规划不再是一次性或定期的活动，而是变得更加动态和自适应。智能技术使企业能够实时调整其财务规划，以应对市场的快速变化。这种灵活性和适应性不仅提高了企业的响应速度，也使财务规划更加贴近实际的业务需求和市场情况。

在智能技术的广泛应用与优化阶段，企业财务管理智能化转型不仅涵盖了技术层面的进步和应用扩展，还包括企业财务管理思维方式和业务流程的根本变革。这些变革使企业财务管理能够更有效地支持企业的战略目标。

四、成熟与战略转型阶段

（一）阶段概况

成熟与战略转型阶段是企业财务管理智能化转型的一个未来预期发展阶段，预示着企业财务管理的彻底重塑和深度融合于企业战略层面。此阶段构建在数个关键发展趋势之上，这些趋势不仅涵盖了技术的进步，还包括全球商业环境的变化、企业内部管理需求的升级，以及更广泛的社会和经济因素。

技术的成熟不仅意味着更加高效和可靠，还意味着能够提供更深入、更复杂的信息和解决方案。在这一背景下，企业财务管理的智能化将能够为企业提供更全面的业务支持，包括对市场变化的深度理解和对未来趋势的准确预测。

全球商业环境的不断变化和复杂化为企业带来了前所未有的挑战和机遇。全球化带来的紧密联系意味着市场和经济波动可以迅速传播，企业需要更加灵活和敏捷的企业财务管理系统来应对这些变化。消费者需求的多样化和市场竞争的激烈化也要求企业能够快速做出决策并有效执行，这又提升了对智能化企业财务管理系统的需求。

企业内部管理需求的提升也是这一阶段背景的重要组成部分。随着企业规模的扩大和业务的多元化，企业对企业财务管理的要求已不再是单纯的账目处理和预算控制，而是需要财务部门能够在战略规划、业务决策支持和长期发展规划中发挥更重要的作用。这要求企业财务管理系统不仅要处理大量复杂的数据，还需要能够提供策略上的建议。

更广泛的社会和经济因素，如对可持续发展的关注、法规和政策环境的变化，要求企业能够有效应对这些外部变化，保持财务合规性，这又增加了对智能化企业财务管理系统的依赖。

成熟与战略转型阶段的到来是由技术进步、全球商业环境的变化、企业内部管理需求的提升，以及更广泛的社会经济因素共同推动的，预示着企业财务管理智能化转型将成为企业战略规划的核心部分，从而为企业的长远发展提供坚实的支持。

（二）企业特点

预期的成熟与战略转型阶段将是一场根本性的变革，这一变革不仅影响着企业的运营模式，也会重塑企业的竞争格局。在这一阶段，智能技术的作用将被深刻理解并广泛接受，企业对智能化的依赖和应用将达到前所未有的高度。

在这一阶段，智能化在企业中将成为一种常态而非例外。这意味着从大型企业到中小企业，智能技术将成为提高效率、增强决策能力和保持竞争力的关键。在这一阶段，企业将更加重视数据的收集、分析和应用。智能技术将被广泛应用于财务预测、风险管理和资源优化等领域，使企业能够更快地响应市场变化，更准确地制订战略规划。

企业的竞争方式也将由此改变。在这一阶段，企业不再仅以规模作为竞争优势的衡量标准。中小企业可能拥有比大型企业更加成熟和高效的智能化管理方案。这种现象将推动一个更平等和多元化的商业环境的形成。在这个环境中，创新和灵活性成为关键的成功因素。中小企业通过利用先进的智能技术，能够快速适应市场变化，发掘特定市场细分领域的机会，甚至在某些领域领先大型企业。

（三）企业财务管理转型内容

在这一阶段，智能化技术将不再局限特定的业务流程，而是渗透企业的每一个角落，不只是企业财务管理。企业的所有流程都将依赖高度先进的智能化系统。

在这个全智能企业财务管理的未来，人们可以预见一个高度自动化和数据驱动的环境。财务决策将不再基于直觉或仅凭经验的，而是基于实时、全面的数据分析和预测。财务系统将与其他企业系统（如供应链管理、客户关系管理）深度集成，形成一个互联互通、高效协同的企业管理网络。这种集成将确保信息的无缝流动和决策的一致性，从而提升整个企业的运作效率和响应速度。通过收集和分析来自各个业务部门的大量数据，智能化财务系统能够为企业提供全面的视角，识别潜在的机会。这种全面的视角不仅涵盖财务层面，还包括市场趋势、消费者行为和竞争对手动态等方面，为企业提供一个 360 度的视野来支持决策制订。

风险管理也将通过智能化系统得到极大的增强。这些系统能够实时监控市场风险和内部风险因素，通过高级算法预测潜在的风险事件，并提出相应的应对策略。这不仅提高了企业对风险的响应速度，也提升了风险管理的精确度和有效性。

整体来看，成熟与战略转型阶段的企业财务管理将迎来一个全面智能化、数据驱动和战略导向的时代。在这个时代，财务部门将彻底摆脱"账房先生"的角色，成为企业战略规划的核心。财务数据将不仅被用于报告和合规目的，更将成为企业所有管理活动的依据之一。财务部门会有效地参与企业的长期规划和战略决策，成为驱动企业发展的关键力量。

第二节 企业财务管理智能化转型的价值意蕴

企业财务管理智能化转型的价值意蕴可以从理论与实践两个角度展开细说，如图 2-2 所示。

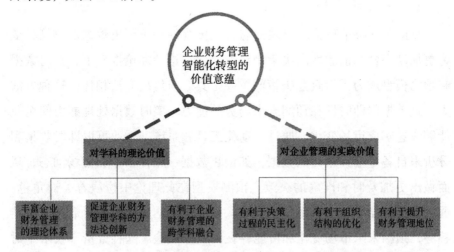

图 2-2 企业财务管理智能化转型的价值意蕴

一、企业财务管理智能化转型对学科的理论价值

企业财务管理智能化转型对于学科发展的价值意蕴是深远和多维的。这种转型不仅是技术的应用，更是对企业财务管理学科本身理论的一次重大革新。在这个过程中，智能化技术的引入不仅改变了企业财务管理的方法，还推动了企业财务管理理论的发展，促进了新技能和新知识的形成。

（一）丰富企业财务管理的理论体系

传统企业财务管理理论体系，如杜邦分析体系、资本资产定价模型、内部收益率等，主要基于定量的财务数据分析，强调财务比率、投资回报和成本控制。这些理论在处理结构化、历史数据方面表现出色，但在应对复杂、动态的市场环境和非结构化数据时就有些不够用了。源于企业财务管理的智能化转型，新的理论框架开始形成，这些理论不仅在原有的定量分析基础上进行扩展，还整合了定性分析和前瞻性分析。理论体系的主要进展包括以下几方面。

1. 数据驱动决策理论

数据驱动决策理论的出现标志着从传统的基于历史数据的决策转变为更加动态性和前瞻性的决策制订方式。在这一理论框架下，实时数据和预测模型成为支持企业决策的主要工具。与传统方法相比，这种方法更注重数据的即时性和预测未来趋势的能力。实时数据处理能力使企业能够快速响应市场变化。通过自动化工具和系统，企业可以即时收集和分析来自各个业务单元的数据，如销售数据、库存水平和市场动态，从而做出更加及时和准确的决策。预测模型在此理论中扮演着关键角色。通过采用机器学习和人工智能技术，企业能够从历史和实时数据中总结趋势，预测未来市场变化和可能存在的业务风险。这种分析不仅限于财务数据，还包括客户行为模式、市场情绪等非传统数据。

2. 风险管理与合规性理论演进

在智能化转型的作用下，风险管理与合规性理论经历了显著的发展。这一理论框架不仅考虑了传统的财务风险，如市场风险、信用风险和流动性风险，还包括新兴的技术风险，如网络安全风险和数据隐私风险。这种综合性的风险管理方法要求企业使用先进的数据分析工具来评估和缓解风险。

大数据技术配合机器学习技术使企业能够更有效地监控和分析各种风险，强调了风险管理的主动性和动态性。与传统的反应式风险管理不同，新的理论倡导企业主动识别潜在风险，并实时调整风险管理策略以应对市场变化。合规性管理也是这一理论的重要组成部分。利用智能技术，企业可以更准确地遵守各种法规要求，如金融报告标准、税法和反洗钱规定。

3.财务与科技的融合理论创新

财务与科技的融合理论是在科技进步与企业财务管理实践交汇的背景下应运而生的新领域。这一理论体系的核心关注点在于探索通过科技创新来优化和变革传统的企业财务管理方法和理论。这一理论体系强调利用先进技术改进财务数据的分析能力，探讨了利用技术手段优化财务流程和提高操作效率。这一理论的发展，不仅为企业提供了更高效、更安全的企业财务管理手段，也为企业财务管理领域的学术研究提供了新的研究方向和视角。

4.持续性与可持续发展财务理论的兴起

随着企业越来越重视社会责任和环境可持续性，企业财务管理理论也开始将这些因素纳入考量范围。新的理论强调在财务决策中考虑环境、社会和治理因素，以及这些因素对企业的长期可持续性和价值创造的影响。这意味着企业在制订财务策略时，不仅要考虑经济效益，还要评估其决策对环境的影响、对社会的贡献，以及企业治理结构的效率。可持续发展财务理论不仅是企业财务管理的一个新理论，而且是企业应对全球经济、环境和社会挑战的一种新策略，将对企业的战略规划产生深远的影响。

（二）促进企业财务管理学科的方法论创新

企业财务管理的方法论是指一套系统的方法，用于指导企业在企业财务管理方面的实践。智能化转型对企业财务管理方法论创新的影响，主要体现在以下几个方面。

1.决策过程的方法论创新

以前，企业的财务决策通常基于历史数据和定期财务报告。企业会收集过去一段时间的财务数据，如现金流量等，进行分析。这种分析主要依靠财务人才的经验。例如，在预算规划时，企业可能会基于上一年的收支情况来设定下一年的预算目标。这种方法反应时间慢、无法实时捕捉市场变化。智能化转型引入了实时数据分析、预测建模和自动化决策支持系统。现在，企业能够通过实时监控工具持续追踪其财务表现，如实时销售数据、成本和现金流量情况。借助人工智能和机器学习算法，这些数据被用于建立预测模型，以识别趋势、预测未来表现并提供决策建议。例如，在制订预算时，企业不再仅依赖过去的数据，而是利用预测模型来考量市场趋势、消费者行为变化等因素，从而做出更加灵活和动态的预算计划。

2.预算管理的方法论创新

企业预算管理的方法论创新主要体现在预算编制、执行和监控的过程中。以前，企业主要依靠历史数据和线性预测模型来设定预算。这个过程往往是静态的，一年进行一次，且依赖财务团队对历史趋势的解读和对未来市场条件的假设。例如，一个企业可能会根据过去一年的销售数据和成本情况规划下一年的预算。这种方法过于依赖经验判断和静态假设。智能化转型引入了动态和数据驱动的预算管理方法。在这种方法中，预算不再是一次性制订的静态计划，而是一个持续调整和更新的过程。通过实时数据监控和高级分析工具，企业能够更准确地预测市场趋势和业务需求，从而做出更加合理的预算安排。智能化工具使企业能够持续监控业务表现和市场条件，及时调整预算以适应这些变化。例如，如果实时数据显示某个产品的销售额超过预期，企业可以迅速调整该产品的营销预算和库存管理策略。

3.财务报告的方法论创新

智能化转型对企业财务报告的方法论创新显著体现在报告的制备、分析和呈现方式上。财务团队收集和整理大量的财务数据，然后手动输入电子表格软件的报告模板中，形成一份静态的财务状况快照。这种情况将不再出现。智能化转型引入了自动化数据收集和处理、高级数据分析和实时报告的概念。在这种新模式下，财务报告不再是一个孤立的、静态的过程，而是一个动态的、持续更新的系统。通过自动化工具，如企业资源规划系统和企业财务管理软件，数据的收集和处理变得自动化。这些系统能够直接从业务操作中提取数据，减少了手动输入的需要，从而提高了报告的准确性和效率。利用云计算和在线分析处理技术，企业能够提供实时财务报告和动态仪表板。这使管理层和利益相关者能够随时查看最新的财务状况，而不必等待传统的季度或年度报告周期。现代财务报告工具还提供了更丰富的数据可视化功能，如图表，使报告更易理解。财务报告不仅展示了历史数据，还包括趋势分析、预测。

4.成本管理的方法论创新

在智能化转型中，企业不再将成本管理视为数字的游戏，而是作为一种全面的业务智能活动，涉及跨部门协作、持续的改进循环和深入的业务洞察。从成本管理框架层面来看，智能化转型促使企业将成本管理纳入更广泛的业务智能和战略规划中。成本不再仅仅被视为需要控制的负面因素，而是成为优化业务过程、提高效率和创造价值的关键要素。这种视角的转变意味着成本管理不再局限财务部门，而是涉及生产、运营、市场和人力资源等多个部门。在实施细节上，智能化转型引入了更精细化的成本追踪和分析方法，实时追踪能耗和物料使用，帮助企业精确识别成本节约点和效率提升机会。同时深入分析成本结构，识别不仅是直接成本，还包括间接成本和隐性成本的驱动因素。

在这个过程中，企业不仅能够更有效地优化成本，还能够通过洞察成本来支持业务决策和战略规划。这种转型代表了企业成本管理方法论的根本性变革，从传统的、以财务为中心的模式，转向了一种更综合的、以业务智能为核心的方法。

（三）有利于企业财务管理的跨学科融合

智能技术的融入不仅改变了传统企业财务管理的方法，还打破了学科之间的界限，促使企业财务管理学科与其他学科的跨学科融合。企业财务管理的跨学科融合的典型代表有以下几种。

1.企业财务管理与信息技术学科的融合

传统上，企业财务管理侧重会计、审计和财务分析等领域，而信息技术关注计算、数据处理和系统设计。然而，随着智能技术的发展和应用，这两个学科开始相互渗透和融合。

在智能化的推动下，企业财务管理人员不仅需要掌握传统的财务知识，还需要理解数据科学、编程、系统分析等信息技术领域的方法。这种趋势反映在企业财务管理的教育课程和研究领域的变化上，如今，高等教育财务专业的课程中开始出现诸如数据分析和编程的内容，研究方法也由过去侧重定性分析转向侧重运用定量数据和计算模型。信息技术学科也在适应这种融合。在设计财务信息系统时，技术专家需要考虑企业财务管理的特定需求和规范，这要求他们对财务流程有深入的理解。这使信息技术领域的研究者开始关注财务数据的特性和财务决策过程中的技术应用，这些研究不仅推动了技术本身的发展，也为企业财务管理提供了新的视角和工具。

企业财务管理与信息技术学科的融合不仅是两个学科在实践层面的相互作用，更是在知识体系、研究方法和理论框架上的整合。这种整合不仅拓宽了企业财务管理学科的边界，也推动了信息技术学科向更加应用和跨学科的方向发展，最终促进了两个学科在更深层次上的相互理解和协同进步。

2.企业财务管理与运筹学、统计学等学科的交叉应用

智能化转型促使企业财务管理与运筹学、统计学等学科交叉应用，共同构建起一个更复杂和动态的知识和技能框架。这种交叉不仅限于技术层面的应用，还涉及理论和方法论的整合，形成了一个新的、互补的视角来理解和处理财务问题。

当运筹学的优化模型和方法被引入企业财务管理时，财务人才能够更加精准地处理资源配置、成本控制和风险评估等问题。例如，财务人才运用线性规划和整数规划可以更好地解决资本预算和投资组合优化的问题，而网络流分析则有助于改善供应链财务的管理。统计学在企业财务管理中的应用也变得越来越重要，如回归分析、时间序列分析，变成了财务分析和预测的关键工具。这些统计方法使财务人才能够更有效地从复杂的财务数据中提取信息，进行风险评估和市场趋势预测。

3. 企业财务管理与金融学、法律学和伦理学等学科的融合

在企业财务管理智能化转型过程中，金融学、法律学和伦理学与企业财务管理的融合呈现一种复合型的交叉学科特征。这种融合不是各自独立进行的，而是共同作用，形成了一个综合性的知识理论体系。

具体来说，金融学提供了理解市场动态、资产定价和风险管理的理论基础。这些理论应用于企业财务管理时会与法律学中关于合规性、企业治理和契约法的知识相互作用。例如，在处理企业并购、资本市场融资或国际贸易融资的过程中，财务决策不仅需要考虑金融学的投资原理，还必须既要遵循法律学的相关规定，确保所有操作合法合规。伦理学在这种融合中起到了关键作用。随着企业社会责任和透明度的日益重要，企业财务管理遵循金融效率和法律规定，也需要考虑伦理标准和道德责任。这意味着在进行财务规划和决策时，企业需要综合考虑经济效益、法律风险和伦理影响，确保财务行为不仅在经济上合理，在道德和社会责任上也是可持续的。

因此，这种融合实际上是一种多维度的整合，其中金融学的理论为财务决策提供经济逻辑，法律学确保决策的合法性，而伦理学引导决策的道德方向。在智能化转型的背景下，这种综合型融合尤为重要，因为新兴技术的应用不仅带来了新的经济机遇，也带来了新的法律挑战和伦理考量。这要求企业财务管理既要发展新技术和新方法，也要全面考虑金融效益、法律合规和伦理责任，确保财务活动的全面性和平衡性。

4.战略规划与管理会计的融合

在智能化转型过程中，战略规划与管理会计的融合并非简单地将两个领域的知识叠加，而是以技术为媒介，在两个领域之间建立互动和相互依赖的关系，强化了两者之间的联系和互动，从而在理论和方法论上相互渗透、共同发展。

从理论上讲，战略规划的学科基础主要集中在对组织目标、竞争优势和市场定位的理解上，而管理会计则侧重财务数据的分析和内部控制机制。这两个领域融合就可以共同构建起一个框架，其中战略规划提供了对组织目标和市场动态的宏观视角，而管理会计提供了实现这些目标所需的微观财务数据和分析。

在方法论上，这种融合促进了新的管理工具和技术的发展。平衡计分卡就是一个典型的结合了战略规划和管理会计的工具，其不仅考虑了财务绩效指标，还包括与组织战略紧密相关的非财务指标。这种工具的使用体现了将战略目标转化为具体的操作指标的方法，并通过管理会计的方法进行跟踪和评估。在智能化转型的影响下，平衡计分卡变得更加动态，数据和分析可以实时更新，提供更加即时和准确的业绩反馈。这种实时性不仅提高了组织对市场变化的响应速度，也使战略调整可以更加灵活和及时。通过高级数据集成工具，企业可以将来自不同来源的数据（如内部运营数据、市场数据和社交媒体数据）融合在一起，为平衡计分卡提供更丰富和多元的信息源，加强内部流程和学习与成长维度的分析，提升客户维度和财务维度的深度和准确性。

二、企业财务管理智能化转型对企业管理的实践价值

（一）有利于决策过程的民主化

企业财务管理的智能化转型有利于企业决策过程的民主化，主要体现在信息共享、参与度提升和决策透明度方面。这种转型通过引入高级

数据处理技术，改变了传统的决策结构和文化，使企业决策更加开放和包容。

1.信息访问和理解方式的变革

在智能化转型的背景下，企业财务管理发生的显著变化是信息访问和理解方式的革新。传统企业财务管理往往被视为一个高度专业化和难以理解的领域，这种情况在智能化转型后发生了根本改变。通过数据可视化工具和交互式仪表板的应用，原本抽象和复杂的财务数据变得直观和易于理解。例如，一个复杂的财务报表可以通过图表和仪表板形式呈现，使非财务背景的员工也能快速把握关键指标和趋势。

这种变化不仅提高了信息的可访问性，还增强了信息的可理解性。普通员工可以通过简化的界面和直观的图形，轻松理解财务数据的含义。这使更多员工能够参与财务决策和讨论，促进了决策过程的民主化。员工不再是被动接收财务信息的接收者，而是能够主动探索、分析和提出见解，为决策过程贡献自己的观点和创意的参与者。

2.决策过程中的协作和沟通

智能化转型还极大地促进了决策过程中的协作和沟通。通过云平台和移动技术，财务信息和分析结果可以在组织内迅速共享，团队成员无论身处何地都能实时访问这些信息。这种即时性和可访问性有效提高了团队的协作效率。例如，销售团队可以即时查看最新的收入数据，并根据这些数据调整销售策略；生产团队可以实时监控成本数据，快速做出成本控制的决策。

智能化技术支持的协作工具，如在线会议和团队协作平台，为跨部门协作提供了强有力的技术支撑。这些工具不仅使决策过程更加高效，而且促进了跨职能团队间的深度交流。决策不再是由一个封闭的小团队或高层管理者独立完成，而是通过广泛的员工参与和跨部门合作实现，从而提升了决策的质量和接受度。

3.企业文化的转型

智能化转型不仅是技术的改变，更是企业文化的转型。在转型过程中，企业鼓励数据驱动的决策制订，提倡透明和基于事实的沟通方式，这有助于减少主观臆断和层级制带来的信息歪曲。在这种文化氛围下，员工被鼓励提出基于数据的建议，无论其在组织中的位置如何。这种文化变革减少了层级制的限制，促进了从上到下的信息流通和意见交换。决策过程因此变得更加民主，每个人的观点都有机会被考虑。这种开放和包容的决策环境有助于激发创新思维，提升员工的参与感和归属感，从而构建一个更加活跃和创新的企业文化。

4.决策透明度的提升

通过共享决策过程中使用的数据和分析方法，企业能够清晰地向员工展示从数据中得出结论和做出决策的方法。这种透明度不仅增强了决策的可信度，也提升了员工对组织决策的认同感。员工能够看到他们的分析和意见被考虑的过程，以及决策是基于客观数据而非单纯的偏好做出的过程。这种透明和基于数据的决策过程有助于构建一个更加理性和公正的工作环境，减少决策过程中的猜测，使员工对决策结果有更清晰的理解和预期。这不仅提高了决策的效率和有效性，还增强了整个企业的凝聚力和执行力。

（二）有利于组织结构的优化

企业财务管理的智能化转型对企业组织结构的优化产生了深远影响。这种转型不仅改变了财务部门的工作方式，还影响了整个组织的结构和运作模式。

1.提高企业的组织效率和灵活性

企业财务管理的智能化转型是一种全面整合的过程，企业通过引入先进的技术和数据分析手段，极大地提高了企业的效率和灵活性，进而有利于组织结构的优化。这种转型的核心在于将传统的、以手工处理为主的财务操作转变为自动化、智能化的管理系统。这一过程不仅是对技术的革新，更是对企业文化、组织结构和工作方式的全面改造。

在智能化企业财务管理中，自动化技术的应用减少了重复性和机械性的工作，比如自动录入、处理账单和生成报表，这直接提高了工作效率。更重要的是，这释放了财务人才的时间和精力，使他们可以从事更加具有分析性和战略性的工作。智能化企业财务管理系统通过集成和分析大量的数据，为企业提供了全面且深入的业务信息。在传统的企业财务管理中，数据分析往往是孤立和时间滞后的，而在智能化系统中，通过实时数据分析，企业能够快速响应市场变化，做出更加精准的业务预测和决策。这种基于数据的决策方式，不仅提高了企业的运营效率，也增强了企业应对市场变动的灵活性。

随着财务流程的自动化和信息化，企业可以重新评估和设计其组织结构，使之更加扁平化。这种结构调整有助于提高决策效率，加强部门间的合作，进而提升整个组织的运营效能。

2. 促进跨部门协作

智能化企业财务管理的一个关键特点是其流程的自动化和标准化。在自动化的流程中，各部门必须遵循统一的标准和格式来记录和报告数据。这种标准化不仅提高了数据处理的效率，更重要的是，消除了不同部门间在信息处理上的差异，使跨部门之间的沟通和协作更加顺畅。而智能化企业财务管理系统通过集中处理和分析企业的财务数据，为各部门提供了一个共享的数据平台。这个平台不仅包括财务数据，还能整合市场、销售、人力资源等多方面的信息。通过这种数据的整合，各部门可以基于相同的信息背景做出决策，从而增强了决策的一致性和准确性。通过实时的数据更新和共享，各部门能够实时监控财务数据的变化，及时了解其他部门的运作情况。这种透明化的模不仅提高了部门间的信任，还有助于快速识别和解决潜在的问题，从而提升整体的运营效率。

在智能化企业财务管理推动下，跨部门协作进一步促进了组织结构的优化。组织结构变得更加扁平化，决策路径缩短，提高了响应市场变化的速度。部门之间的界限变得更加模糊，促进了跨部门的创新和协同工作。这种组织结构的变化，不仅提升了企业的运营效率，也增强了企业的竞争力。

3.支持决策层级的下放

在智能化转型的推动下，智能系统提供了更多精准和实时的数据，中层管理者因为接触了更丰富和即时的数据，能够做出更快速且更有效的决策。智能化系统通过分析大量数据，为这些管理者提供了全面的视角和深入的分析，使他们在决策时有更强的信心和依据。这种数据驱动的决策过程大大减少了不确定性和风险，提高了整体的决策质量。因此企业能够将更多的决策权下放到中层甚至基层管理者手中。这种结构上的调整深刻影响了整个组织的运作和文化，给中层管理者和基层员工带来了更大的责任和自主性。他们不再仅仅执行上层制订的策略，还能够根据实际情况和数据分析结果，做出适应性更强的决策。这种权力的下放使组织更加灵活，能够迅速响应市场变化和客户需求。当员工感受自己的决策能对组织产生实际影响时，他们的积极性和创造性得到了激发。这不仅增强了员工的工作满意度和归属感，还为企业带来了更多创新的思路和解决方案。

（三）有利于提升企业财务管理地位

在智能化转型之前，企业财务管理在很多企业中被定位为一个主要负责记录和报告财务数据的后勤部门。在这种传统观念中，企业财务管理的主要任务集中在处理账目、编制财务报表和确保企业活动的合规性。这些任务无疑是企业运营的基石，然而这些任务往往被视为纯粹的技术性或管理性工作，而不直接参与企业的战略决策过程。企业财务管理在这个阶段更多地被看作是一个记录和监督的角色，而非决策者或策略顾问。在组织结构中，财务部门的地位相对较低，通常被视为支持业务部门的功能性部门，而非直接推动企业战略的核心部分。

随着智能化技术的应用和发展，企业财务管理的职能和在企业中的地位慢慢提升。这种变化主要是因为自动化和智能化工具的引入。通过引入这些技术，企业的财务处理效率和精度得到了显著提升。自动化工具，如自动账目录入、智能发票处理和电子报表生成，大幅度减少了手工操作的必要性，降低了人为错误的可能性。从而释放了财务人才的时间和精力，使他们能够从事更高层次的工作。于是，财务部门的工作重心开始从事务性的日常工作转移到更加战略性的分析和规划工作。例如，财务团队可以利用先进的数据分析工具深入分析企业的收入、成本和利润趋势，识别影响财务表现的关键因素。这些分析不仅包括传统的财务指标，还包括对市场趋势、客户行为、供应链效率等非财务因素的分析。这样深入的分析为企业的市场战略、产品定价和成本控制提供了数据支持。财务部门在这个过程中不再是简单的数据记录者，而是变成了提供战略信息和建议的关键参与者。

进一步地，智能化企业财务管理使财务数据和分析成为企业决策的重要基础。在智能化系统的支持下，财务部门能够提供更加全面和实时的财务信息。这些信息不仅涵盖了企业的财务状况，还包括对市场动态、竞争环境和运营效率的分析。这种全方位的信息提供了一个更加丰富和准确的决策基础。企业管理层可以依据这些信息更好地理解市场动态、评估业务策略的效果和制订未来的发展计划。凭借其工作价值，财务部门成为企业战略决策中不可或缺的一部分。

总之，智能化转型使财务部门从一个以事务处理为主的后勤部门转变为一个参与企业战略规划和决策的核心部门。这种转变不仅提高了企业财务管理的工作效率和质量，还极大地提升了其在企业中的地位。通过智能化转型，企业财务管理成为推动企业发展和创造竞争优势的关键力量。

第三节　企业财务管理智能化转型的整体思路

企业财务管理智能化转型非一日之功，需要从顶层设计、基础设施构建、组织协同三重维度入手，方能制订全盘转型计划，如图 2-3 所示。

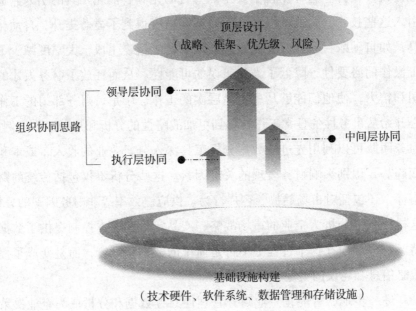

图 2-3　企业财务管理智能化转型的整体思路

一、企业财务管理智能化转型顶层设计

企业财务管理智能化转型的顶层设计是一个战略性规划过程，其目的是确保企业在转向智能化企业财务管理时的各项决策与企业的总体战略和长期目标保持一致。顶层设计包括战略方向与目标设定、全局视角的框架构建、关键领域和优先级的确定、风险评估与管理。这一过程至关重要，因为这不仅涉及技术层面的更新，而且涉及组织结构、运营流程、企业文化，甚至是企业治理模式的根本性变革。通过顶层设计，企业能够确保财务智能化转型与企业的整体发展战略相协调，从而最大化转型的效果，提高企业的竞争力，同时降低转型过程中可能出现的风险。

（一）战略方向与目标设定

企业财务管理智能化转型的顶层设计中，战略方向与目标设定是第一步。这一步的核心在于明确转型的终极目标和中长期愿景，为整个转型过程提供明确的指引和基准。在这一阶段，企业不仅需要考虑当前的市场环境和自身的财务状况，还要预见未来的趋势和挑战，从而确立一个既现实又具有前瞻性的战略目标。

企业要做的是对自身的财务状况进行全面的审视，包括现有的财务流程、报告机制、资产负债状况、收入成本结构等。通过深入分析，企业可以明确智能化转型的初始点和必要性，同时识别现有体系中的短板和潜在的改进空间。在此基础上，企业需要明确转型的具体目标。这些目标应具体、可衡量，同时兼具挑战性和可实现性。例如，目标可以是提高财务报告的准确性和时效性、降低运营成本、优化资金流量管理、增强风险控制能力等。这些目标不仅应体现在财务层面，还应与企业的整体发展战略相协调，如支持企业的市场扩张、新产品开发等。

下一步，企业需要确定智能化转型的具体战略方向。这可能包括决定优先推进的领域，如自动化核心财务流程、引入先进的数据分析工具、建设云计算平台等。在确定这些战略方向时，企业应考虑转型的可持续性，确保在整个过程中能够保持业务的连续性和稳定性。除了技术和流程层面的目标和方向，企业还需要考虑智能化转型对组织结构和企业文化的影响。例如，企业可能需要构建更加灵活的组织架构、培养员工的数字技能，以及营造一种鼓励创新和接受变革的企业文化。

如果在整个过程中有把握不准的地方，借鉴行业内其他企业的智能化转型经验是个不错的选择。特别是那些成功案例，这些成功案例蕴含着宝贵的实践经验，可以帮助企业提前认识实施过程中可能遇到的挑战和有效的应对策略。这些案例提供了有关技术选择、流程优化、员工培训和文化转变的具体见解，也展示了转型成功后的显著成效，如操作效率的提升、成本的降低和风险管理的改进，从而为企业设定实际而富有远见的目标提供参考。

（二）全局视角的框架构建

在企业财务管理智能化转型的顶层设计中，企业需要构建一个全局性的框架，这个框架应涵盖财务智能化转型的所有关键要素，包括技术、流程、人员、文化等方面。在这个框架下，各个要素应被视为相互依赖、相互作用的部分，以确保转型的整体性和一致性。

在构建这一框架时，核心任务是将智能化转型融入企业的整体战略中。这个过程要求企业的决策者站在一个更高的视角，将智能化转型视为一项战略倡议，而不仅是一系列孤立的技术或流程改进。这意味着智能化的努力和投资必须与企业的核心竞争力、市场定位、客户服务和产品创新等元素相协调。在这个框架中，企业的长期愿景和目标变得尤为重要。智能化转型不仅关乎短期的效率提升，而且还可以通过技术和流程的改进，提升企业的长期财务健康和市场竞争力。这需要企业领导者不仅要在技术投资上做出明智的决策，更要在文化和组织结构上做出相应的调整。

在这个过程中，领导力和组织文化的角色变得至关重要。成功的智能化转型不仅依赖先进的技术，更依赖能够推动这种变革的领导力。领导者需要成为这一变革的倡导者，确保团队明白转型的必要性和长远价值。构建一个适应变革、积极创新的组织文化是必不可少的。这种文化鼓励员工拥抱新技术，乐于尝试新的工作方式，从而为整个转型过程提供强有力的人文支持。

（三）关键领域和优先级的确定

顶层设计还需要确定财务智能化转型过程中的关键领域，以及各领域的优先级。这包括决定应该转型的方面，可以后续跟进的方面，以及平衡不同领域间的资源和注意力的方法。这是一个复杂且细致的过程，要求企业深入分析自身的运营模式、市场环境，以及长期战略目标。

具体来说，企业要评估现有的企业财务管理流程，识别出那些效率低下、风险高，或者对客户和业务影响最大的领域。这些领域往往是智能化改造的首要目标。例如，企业如果发现财务报告过程烦琐且易出错，那么这个环节可能就是智能化改造的重点领域。企业需要考虑各个领域的改造对业务的整体影响、评估智能化改造的成本效益，以及其对企业竞争力的潜在提升。一些改造可能立即带来成本节约，而其他改造则可能更多地影响企业的长期发展。在确定了关键领域之后，企业还需要合理分配资源，如财务、人力和时间资源。成本效益分析的结果将指导企业在改造的不同领域间合理分配资源。在资源有限的情况下，决定应该优先启动的项目，可以稍后跟进的项目，比如优先考虑能够快速实现投资回报的项目，或对企业运营至关重要的领域。企业还必须确保在整个智能化转型过程中维持业务的连续性。这要求企业在不同阶段谨慎推进各项措施，避免对日常运营造成过大干扰。例如，企业可以分阶段实施系统升级，确保每个阶段都有充足的准备和适应时间。这一过程还涉及持续的监测和调整。随着转型的推进和外部环境的变化，企业可能需要重新评估先前设定的优先级，并据此调整资源分配和项目进度。例如，如果市场出现新的技术发展或竞争动态，企业可能需要调整其智能化策略，以更好地适应这些变化。

（四）风险评估与管理

企业在做一个重大决定之前，必然要进行风险评估，企业财务管理智能化转型就是一项重大决定。转型本身固有的复杂性和不确定性，如新技术的采用、工作流程的变更以及可能的组织结构调整，将会为企业带来诸如技术失败、预算超支、项目延误、合规问题等多方面的风险。通过提前识别这些风险，企业可以更好地准备应对策略，降低这些风险对转型进程的影响。

　　企业在进行企业财务管理智能化转型这一重大决策前的风险评估，是一个确保决策合理性和转型成功的关键步骤。智能化转型的本质是一场涉及深层次变革的决策，其不仅是技术层面的更新，而且是一个全面触及组织结构、工作流程和企业文化的过程。这种变革固有的复杂性和不确定性使风险评估成为转型过程中不可或缺的一环。

　　具体来说，新技术的采用可能伴随着系统不稳定、数据安全问题，以及与现有系统的兼容性挑战。比如，一个新的财务软件系统的引入可能会使企业在早期阶段遇到性能问题或与其他业务系统的集成问题。如果没有充分的测试和准备，这些问题可能导致业务中断或数据丢失，从而影响企业的运营效率和信誉。转型过程中的预算控制也是一个重要的风险点。智能化项目往往需要显著的初期投资，包括购买新软件、升级硬件设施，以及员工培训费用。预算超支是一个常见问题，尤其是在项目规划和执行阶段没有紧密的财务控制时。投资回报的转型也是一个需要考虑的因素，即确保投入的资金能够在合理的时间内通过提升效率和减少成本带来回报。项目延误在大型项目中是常见的，尤其是在涉及多个部门和复杂技术集成的情况下。项目延误不仅会导致成本增加，还可能影响整个组织的运作。例如，财务报告的延迟可能会影响企业决策的制订和市场的信誉。除了以上具体的风险点，随着数据保护法规和行业标准的日益严格，确保新系统符合所有相关法律和规定是非常重要的。不符合数据保护法规的系统可能会导致法律风险和罚款。

　　为了有效应对这些风险，企业需要在转型计划的早期阶段进行全面的风险评估。这包括与各部门密切合作，了解他们的担忧和需求，同时利用专业的风险管理工具和技术进行评估。基于这些评估，企业可以制订相应的风险缓解策略，如技术风险的缓解可能包括进行更加严格的测试和逐步部署新系统，而预算风险的管理则可能需要更严格的财务监控和预算审查。

二、企业财务管理智能化转型基础设施构建

在企业进行企业财务管理智能化转型的过程中，基础设施建设是指创建或升级那些支持智能化财务操作和管理的技术设施。技术硬件基础确保财务系统能够高效运行，处理大量数据，同时提供必要的计算能力来支持复杂的分析和自动化流程。先进的软件系统是智能化转型的核心，为企业提供了从数据处理到决策支持等多方面的功能。健全的数据管理和存储设施对于确保数据的准确性、可访问性和安全性至关重要。没有坚实的基础设施作为支撑，智能化企业财务管理的众多优势无法充分发挥，也无法保证企业在高度竞争的市场环境中保持领先地位。

在构建这些基础设施时，企业需要评估现有基础设施的状况，包括其性能、容量和技术的现代化程度，以确定升级的必要性和范围。在这个基础上，选择适合企业当前和未来需求的解决方案至关重要。新的基础设施建设要能够与企业的总体战略和财务智能化转型的目标保持一致。

（一）技术硬件构建

在企业财务管理智能化转型过程中，技术硬件的构建目标是打造一个既强大又灵活的硬件支持系统。这需要综合考虑多个层面的因素，以确保所建立的基础设施不仅满足当前的需求，也具备迎接未来挑战的能力。

硬件的选择需要具有足够的处理能力和高度的可靠性。处理能力强大的硬件可以有效支撑企业财务管理中的大数据分析、实时报告生成和自动化流程，这些是智能化企业财务管理不可或缺的部分。稳定性和可靠性也至关重要，因为任何系统故障都可能导致重大的业务中断，甚至造成财务损失。因此，企业在选择硬件时，需要权衡其性能指标与可靠性保障，确保系统即便在高负载下也能保持稳定运行。

在考虑硬件的未来发展潜力时，企业需要着眼于长期的技术趋势。

技术行业的迅猛发展意味着今天的先进设备可能很快就会变得过时。因此，在选择硬件时，企业需要考虑设备的扩展能力，确保所选硬件可以适应未来技术的发展，比如更高效的数据处理算法或新兴的云计算技术。硬件系统的整合性和兼容性也是重要考量点。新引进的硬件必须能够与现有系统无缝集成，这对于维持业务的连续性至关重要。硬件的兼容性不仅关系到当前的业务运作情况，还直接影响未来技术的引入和整体信息技术架构的灵活性。因此，企业在制订硬件采购计划时，需要考虑不同系统间的兼容性，确保新技术的引入能够顺畅且不会引发额外的技术问题。由于财务数据的敏感性，硬件设施的安全性也是一个不可忽视的方面。企业需要选择那些内置有强大安全特性的硬件，如加密技术和高级访问控制机制，以防止数据泄露和外部攻击。企业还需要考虑硬件的物理布局和安全措施，如防火墙和物理访问控制，来增强整体安全性。

在成本效益方面，企业需要进行精确的计算和预算规划。尽管最先进的硬件可能提供更优越的性能，但可能伴随着更高的成本。因此，在选择硬件时，企业必须在预算限制和性能需求之间找到一个平衡点。这种权衡不仅涉及初期的采购成本，还包括长期的运维成本和潜在的升级费用。

（二）软件系统构建

软件系统不仅是处理财务数据、生成报告的工具，更是实现自动化、提升效率、降低错误率、增强决策支持能力的关键。这些系统可以包括各种会计软件、企业资源规划系统、数据分析工具，以及最近兴起的机器人流程自动化技术和智能流程自动化技术。

企业在构建企业财务管理智能化转型的软件系统时，关键的思路集中于三个主要领域：流程自动化的优化、数据处理与分析的智能化，以及系统的整合性和可扩展性。

1.流程自动化的优化

在这一领域中，企业的关注点在于识别那些烦琐且重复性高的财务任务，并通过机器人流程自动化等技术实现这些任务的自动化。例如，日常的账目核对、发票处理和财务报告编制等环节，都是企业资源规划可以大幅提升效率的领域。这些流程的自动化不仅显著减少了人力资源的投入，还提高了工作效率和准确性。更重要的是，这种自动化释放了财务人才的时间，使他们能够专注更加战略性的任务，如财务分析和决策支持，从而为企业创造更大的价值。

2.数据处理与分析的智能化

软件系统的构建应聚焦利用先进的数据分析工具和人工智能技术，以提升数据处理的效率和洞察力。通过对大量财务数据的深入分析，企业可以获得更加精准的业务信息，从而做出更明智的决策。例如，先进分析工具的使用可以帮助企业预测市场趋势，优化预算分配，甚至在风险管理方面提供支持。这种智能化的数据处理不仅加强了企业的财务分析能力，还增强了对未来趋势的预测能力。

3.系统的整合性和可扩展性

在快速变化的商业环境中，企业的财务软件系统需要能够轻松适应新的业务需求和技术变革。这意味着在选择软件时，企业不仅要考虑其当前的功能，还要考虑其与其他系统的兼容性以及未来升级的便利性。一个整合性强且具有高度灵活性的软件系统能够确保企业在面对市场和技术变化时，能够快速响应，从而保持竞争力。

（三）数据管理和存储设施构建

数据管理和存储设施的构建是指建立和维护用于有效处理、存储和保护企业财务数据的系统和工具。这包括数据库、数据仓库、云存储解决方案，以及相关的数据处理和分析软件。在企业财务管理智能化转型中，这些设施至关重要，它们为数据的集成、分析和报告提供了必要的基础。良好的数据管理和存储设施能够确保财务数据的准确性、可访问性和安全性，从而支持高效的数据驱动决策，使企业能够快速响应市场变化，提升财务报告的质量，加强合规性，并优化风险管理。

在企业财务管理智能化转型过程中，数据管理和存储设施的构建思路应集中于三个关键方面：数据的集成性和一致性、数据的安全性与合规性，以及数据的可访问性和分析能力。

1. 数据集成性和一致性

在智能化的企业财务管理系统中，数据来自各种不同的源头，如交易系统、企业资源规划、客户关系管理，以及外部数据源等。这些数据需要被整合到一个统一的平台中，以确保数据的完整性和一致性。集成后的数据提供了一个全面的视角，帮助企业更好地理解其财务状况和业务运营。因此，企业应选用能够支持多数据源集成，并提供强大的数据清洗、转换和整合功能的解决方案。

2. 数据的安全性与合规性

财务数据往往包含敏感信息，因此企业必须确保其安全性，防止数据泄露或非法访问。这要求数据存储设施具备强大的安全措施，如加密技术、访问控制和网络安全防护。合规性也不容忽视。随着数据保护法规的日益严格，企业必须确保其数据管理和存储方式符合所有相关的法律和行业规定，以避免法律风险。

3. 数据的可访问性和分析能力

数据的价值在于能够被有效地访问和分析，以支持决策制订。这意味着数据存储设施不仅要确保数据的存储效率，还要支持高效的数据查询和分析。数据仓库和数据湖等技术的使用可以帮助企业管理大规模的数据，并支持复杂的数据分析和报告生成。

三、企业财务管理智能化转型的组织协同思路

在企业财务管理智能化转型的过程中，协同合作的思路尤为重要。在这个转型过程中，任何一个环节的失误都可能导致整体进程的延误，甚至计划的失败，从而在部门间引起推诿，使企业错失寻找并解决问题的关键时刻。财务智能化转型的组织协同分为三个层面：一是领导层协同，二是中间层协同，三是执行层协同。

（一）领导层协同

在企业财务管理智能化转型过程中，领导层协同的重要性不容忽视。转型的成功很大程度上依赖高层领导的统一思路和有效协作。智能化领导团队，通常由企业高层、信息技术、财务、业务等部门的负责人及专家顾问组成，起着制订战略、指明方向和规划路径的关键作用。他们的协同工作不仅影响转型的方向和速度，还决定了转型过程中应对挑战的效果。通过高效的沟通、共同的目标定位、资源的合理分配和文化的培育，领导团队不仅能指导企业顺利完成智能化转型，还能确保在这一过程中企业的整体利益得到最大化的实现。

这种领导层协同的核心在于构建一个高效沟通和决策的平台，确保智能化转型各项决策和行动的一致性。领导团队需要具备前瞻性视野，明确智能化转型的长远目标和阶段性成果。他们的角色不仅是策略的制订者，更是问题的解决者。在遇到转型过程中的难点时，领导团队的协同工作尤为重要。面对问题，他们需要基于共同的目标和理解，集思广益，制订解决方案，而不是相互推诿。

为实现有效的协同，领导团队应该定期召开会议，分享转型进展和挑战，同时就关键问题进行深入讨论。这不仅促进了信息的共享，也有助于及时发现和解决问题。领导团队还需要确保转型计划与企业的总体战略紧密结合，确保智能化转型的每一步都是战略性的举措。在这一过

程中，领导层协同的另一个重要方面是确保资源的有效分配。智能化转型需要大量的资金、技术和人力资源投入。领导团队必须确保资源得到合理配置，同时监控资源使用的效率和效果。这种资源的协同管理不仅包括财务资金的分配，还涉及人力资源的配置和技术资源的选择。

领导层协同还应该关注转型文化的培育。他们需要共同营造一种支持创新、鼓励尝试、容忍失败的企业文化。这种文化的形成有助于推动转型的深入进行，鼓励员工积极参与智能化转型中来。领导团队的一致行动和表率作用，对于建立这种文化至关重要。

（二）中间层协同

中间层协同就是部门层面的协同，包括财务部门与信息技术部门、财务部门与业务部门的紧密合作。这种协同不仅是技术和数据集成的问题，更关乎跨部门文化的建立和维护，以及共同目标的实现。

财务部门与信息技术部门之间的协同是构建智能财务的基础。信息技术部门的技术支持对于财务数据的数字化和自动化至关重要。这种协同的核心在于利用数字技术消除不同部门、不同系统间的数据壁垒，实现流程的无缝衔接和数据共享。这要求双方在财务共享模式的基础上，共同推进财务组织架构、职能边界和运营管理制度的重新规划。在这个过程中，信息技术部门的技术实力和对最新技术趋势的洞察能力与财务部门的业务知识和流程优化需求相结合，共同为企业创造一个高效、标准化的企业财务管理系统。例如，在实施一个新的财务软件系统时，信息技术部门需要与财务部门紧密合作，确保软件的功能符合财务操作的需求，财务部门的反馈又能帮助信息技术部门优化系统性能。

财务部门与业务部门之间协同的目的是打破业财隔离，企业通过汇聚多专业系统数据，创新性地搭建业财融合应用场景。这不仅涉及财务数据的共享和分析，更包括业务过程中生成的大量数据。通过这种跨部门协作，财务部门能够更深入地理解业务操作，从而提供更加精准的财务分析和建议。业务部门也能够更好地理解财务数据，从而实现更加高效的决策制订。

为了有效实现这个层面的协同，企业需要建立强有力的沟通机制和协作文化。这包括建立跨部门的沟通平台，让不同部门的人员能够定期交流和分享信息，建立共同的理解和目标。企业还需要创建集成的数据仓库，形成协同化的柔性实施团队，并确保项目按照计划进度顺利实施。在这个过程中，企业还需确保在不同部门之间建立信任和尊重的文化，以便更好地应对智能化转型过程中可能出现的问题。

（三）执行层协同

在企业财务管理智能化转型的执行过程中，企业难免会遇到预期之外的问题和挑战。因此，企业需要及时收集一线员工的反馈，快速做出调整，以确保项目能够持续向预定目标前进。

为了确保企业财务管理智能化转型的顺利进行，成立跨部门的项目团队是一个高效而直接的方法。这些团队由来自不同部门、具备不同专业背景和知识技能的人员组成，能够全面地应对转型过程中的各种任务和挑战。这种多元化的团队结构不仅有助于从不同角度识别和解决问题，还能促进创新思维的碰撞和合作。定期召开的会议和项目报告环节是团队协作的关键，这些活动确保了信息的共享。通过这些交流，每位团队成员都能够对项目的整体目标、当前进度和面临的问题有清晰的认识，从而协同推进项目的实施。

在执行财务智能化转型的过程中，项目团队可能会遇到各种预期之外的问题。这些问题可能来自技术实施的难点、业务流程的调整，或是员工适应新系统的挑战。为应对这些挑战，企业及时收集来自一线员工的反馈必不可少。一线员工的直接经验和观察往往能提供关于系统性能和流程效率的重要信息。因此，企业应建立一个高效的反馈机制，使员工能够方便地表达他们的观点，这对于项目的成功至关重要。基于这些反馈，项目团队需要迅速做出调整，如优化流程、解决技术问题或进行必要的员工培训。这种灵活的调整机制确保项目能够持续地朝着预定目标前进，即使面临未预见的挑战。

第三章 企业财务管理智能化转型中的技术应用

从财务机器人的实际运用到智能引擎的深度整合，再到 OCR 技术和电子影像及档案系统的广泛应用，这些技术不仅是提高财务工作自动化程度和提升效率的工具，更是构建现代智能财务体系的基石。智能技术正在改变财务工作的本质，财务工作从重复劳动密集型工作转变为更加智能化的活动。在这一背景下，理解这些技术在企业财务管理智能化转型中的应用，对于企业实现财务创新和提升竞争力至关重要。本章将深入探索这些技术在智能化企业财务管理中的具体应用，及其与传统的财务工作结合的方法，共同构建一个高效、灵活且具有前瞻性的企业财务管理体系。

第一节 财务机器人

一、财务机器人相关介绍

（一）认识财务机器人

财务机器人是一种应用人工智能、机器学习和自动化技术的工具，专门用来处理财务相关的任务。这些机器人能够自动执行各种财务流程，如账单处理、发票管理、财务报告生成等，旨在提高财务操作的效率和准确性，同时减少人为错误。

在财务机器人出现之前，财务自动化系统就已经发展起来，如电子表格软件、会计软件等工具的应用。这些工具极大地简化了财务计算和数据管理，在一定程度上实现了财务工作的自动化，为现代财务机器人的发展奠定了基础。随着时间的推移，财务自动化系统逐步融入了更多复杂的功能，如预算制订、财务规划和分析等功能。在这一过程中，智能技术的突破起到了至关重要的作用。智能技术的突破也进一步促使了今天人们看到的财务机器人的诞生。

目前的财务机器人的开发基本是以财务机器人流程自动化的形式进行的。这是一种基于机器人流程自动化技术的应用，确实能够有效地承担企业中简单的重复性操作，特别是在处理大量且容易出错的财务业务时表现出色。通过自动化银企对账、合并报表、费用审核和基础的财务处理等任务，财务机器人流程自动化可以显著提高整体的工作效率。这种自动化不仅减少了人为错误的可能性，也释放了财务人才的时间，使他们能够专注于更高层次、更具创造性的工作，如财务分析、策略规划和决策支持。这对于推动财务部门的转型和提升企业的整体竞争力至关重要。财务机器人流程自动化的应用实际上是企业智能化转型战略中的一个关键组成部分，有助于企业实现更高效、更智能的企业财务管理。

（二）财务机器人流程自动化的特点

财务机器人流程自动化具有很多特点，这些特点使其成为现代企业提高财务流程效率和准确性的强大工具，具体特点如图 3-1 所示。

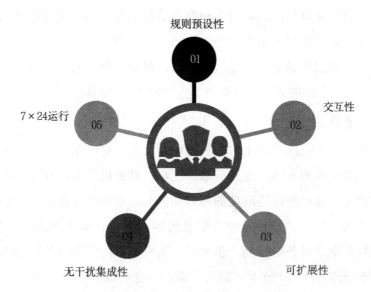

图 3-1　财务机器人流程自动化的特点

1.规则预设性

规则预设性指财务机器人流程自动化的行为是基于一系列预先定义的规则和流程来执行任务。具体来说，企业可以设定详细的指令和条件，指导财务机器人流程自动化处理特定的财务操作，例如发票处理、数据录入或报告生成。这种预设规则的设置不仅确保了任务执行的准确性，还有效减少了人为错误的可能性。更重要的是，这种方法允许财务流程在保持灵活性的同时实现标准化，因为规则可以根据变化的业务需求进行优化。规则预设性为企业提供了一个可靠且高效的方法来优化日常的财务任务。

2.交互性

财务机器人流程自动化的另一个显著特点是其交互性。与传统的自动化系统不同，财务机器人流程自动化通过模拟人类用户的方式与程序界面交互。这种交互方式使财务机器人流程自动化如人类操作者一样能够执行各种任务。从点击按钮、填写表单到读取屏幕上的数据，财务机器人流程自动化可以无缝地与多种财务软件进行交互，执行复杂的序列操作。这种能力特别适用于那些需要从一个系统中提取数据并在另一个系统中输入数据的场景。通过这种方式，财务机器人流程自动化极大地提高了跨系统工作的效率，还避免了人为操作可能出现的错误。

3. 可扩展性

财务机器人流程自动化的可扩展性是其作为自动化工具的一个重要优势。随着企业的发展和业务需求的变化，财务机器人流程自动化解决方案可以灵活地扩展以适应新的挑战和机会。这意味着企业可以根据工作量的增减，轻松地增加或减少财务机器人流程自动化的数量。例如，在财务报告期或税务申报期，企业可能需要更多的使用财务机器人流程自动化来处理增加的工作量。而在平常时，这些资源可以被相应地减少。这种扩展性不仅使企业能够有效地管理成本，还确保了业务规模变化时，财务流程还能保持高效和顺畅。

4. 无干扰集成性

无干扰集成性意味着财务机器人流程自动化能够在不影响现有信息技术基础设施和系统的前提下实施。这一特性对于许多企业来说至关重要，允许这些企业在不需要大规模投资于信息技术改造或中断现有业务流程的情况下，实现流程自动化。财务机器人流程自动化通过模拟人类用户的行为与应用程序界面进行交互，从而避免了直接与底层系统代码或数据库交互的需要。这种无干扰集成方式不仅简化了自动化的实施过程，还降低了业务运营的潜在风险，使财务机器人流程自动化成为一种既安全又高效的自动化解决方案。

5. 7×24 运行

财务机器人流程自动化的一个关键优势在于能够提供 24 小时不间断的运行能力。这对于需要连续处理或监控的财务流程尤为重要。财务机器人流程自动化不受传统工作时间的限制，可以在夜间、周末甚至节假日持续运行，从而确保任务的及时完成。这种全天候运行能力特别适用于那些需要即时响应的任务，如实时财务监控、即时报告生成和紧急数据处理。这也意味着企业可以更高效地利用资源，因为财务机器人流程自动化可以在人类员工下班后继续执行任务，从而最大化工作效率和产出。通过这种方式，财务机器人流程自动化不仅优化了财务操作的时间管理，还增强了企业对突发事件的应对能力。

（三）财务机器人流程自动化的工作适用类型

鉴于以上财务机器人流程自动化的特性，以下五种类型的工作特别适合采用财务机器人流程自动化。

1.重复性高、附加值低的工作

在当代企业管理中，提高工作效率和优化资源配置一直是核心议题。特别是在企业财务管理领域，企业面临着将有限的人力资源投入最能创造价值的工作中的挑战。在这种背景下，财务机器人流程自动化的应用便显得尤为重要，特别是在处理那些重复性高、附加值低的工作时。

这类工作，如日常的数据录入、发票处理等，虽然对企业运营至关重要，但其重复性强且消耗时间，为企业带来的附加值相对较低。例如，在日常的发票处理中，财务人才需花费大量时间核对、录入和归档发票信息。这一过程重复性高，且对企业产生的直接效益有限。处理这类工作的财务人才往往会感到工作枯燥乏味，这不利于他们的个人能力发展和职业满足感。长期从事低附加值的重复性工作，可能导致员工士气低落，进而影响工作效率和质量。在某些情况下，这种情况还可能导致人才流失，因为财务人才可能会寻求更具挑战性和创造性的工作机会。

在这种情况下，财务机器人流程自动化的应用可以显著提高效率。财务机器人流程自动化能够自动识别和处理电子发票，快速且准确地完成数据录入，释放财务人才的时间，让他们能够专注更需要专业知识和创造性思维的工作，如财务分析、预测和战略规划等。这不仅提升了财

务部门的整体工作效能，也为员工的个人成长和职业发展创造了更好的
环境。

2.量大易错的工作

在考虑财务机器人流程自动化的实施和应用时，一个关键的考量是
确保投资的合理性和效益最大化。这就要求选取的业务场景能够充分发
挥财务机器人流程自动化的优势，特别是在处理那些工作量大且易于出
错的业务中。这些任务往往涉及大量的数据处理，包括计算、核对、整
合和验证，这些环节不仅耗费人力资源，而且由于其复杂性和重复性，
增加了出错的可能性。

例如，在处理涉及大量财务交易的数据整合任务时，财务人才需要
从不同的源头收集数据，进行核对和整合，然后进行复杂的计算。人工
处理这些任务不仅耗时，还极易因疲劳或注意力分散而导致错误。这些
错误无论多么微小，都可能导致严重的财务后果，如误报的财务状况或
不准确的税务计算。财务机器人流程自动化在这类工作中能发挥超乎想
象的作用。通过自动化这些任务，财务机器人流程自动化能够处理大量
数据，且处理速度快、准确性高。例如，财务机器人流程自动化可以被
编程来自动从多个系统中提取数据，执行所需的计算，然后将结果整合
到报告中。这种自动化不仅有效减少了人工处理的需求，还降低了由于
人为疲劳或注意力不集中而引发的错误。财务机器人流程自动化还可以
提供实时的数据处理能力，这在处理日终收盘数据或实时财务监控时尤
为重要。在这些工作中，快速且准确的数据处理对于及时做出财务决策
至关重要。通过财务机器人流程自动化，企业能够实时监控财务状况，
快速响应市场变化或内部需求的变化。

财务机器人流程自动化在处理工作量大且易出错的任务方面具有显
著优势，不仅提高了处理速度和准确性，还优化了人力资源的使用，减
少了财务错误和相关风险。这些优势使财务机器人流程自动化成为企业
在企业财务管理智能化方面的重要投资，有助于提高整体的企业财务管

理效率和质量。

3.流程固定、规则明确的工作

在现代企业财务管理中，对流程固定、规则明确的工作进行自动化是提高整体效率的关键策略。财务机器人流程自动化在这方面发挥着至关重要的作用，尤其是在那些需要严格遵循既定流程和规则的任务上。这类任务的特点是操作步骤固定，处理规则明确，因此极适合通过自动化技术来优化。

以月度财务结算为例，这个过程涉及多个固定步骤，如自动结转凭证、计提资产折旧、内部往来对账、结汇、关账及编报完成确认等。在采用财务机器人流程自动化之前，这些任务通常需要财务人才手动执行，而每个步骤都必须精确无误地遵循特定的操作规程。这种固定性和规则性使月结成为财务机器人流程自动化优化的理想对象。

当财务机器人流程自动化被引入处理这类任务时，财务机器人流程自动化能够精准地遵循预设的流程，自动执行这些操作。比如，财务机器人流程自动化可以自动化地处理资产折旧的计算和记账，自动核对内部账目，甚至自动执行月末关账流程。这种自动化处理不仅确保了每个步骤都按照既定规则准确执行，还提高了整个财务结算过程的效率。更重要的是，这种自动化不是机械性地重复操作。财务机器人流程自动化能够被精确编程以遵守复杂的财务规则，还能处理一些需要特定逻辑和条件判断的任务。例如，财务机器人流程自动化可以被设置来识别特定条件下的账目异常，并按预定流程处理这些异常情况。无论是月末结算还是日常的账目核对，财务机器人流程自动化都能够保持高度一致的操作标准，这对于维护企业财务管理的准确性至关重要。

财务机器人流程自动化的应用还使财务流程变得更加透明和可追溯。所有的操作都可以被记录和监控，这对于审计和合规管理来说非常重要，因为可以提供一个清晰的操作轨迹，使审计过程变得更加容易和有效。

4.全天候的工作

在企业财务管理中，某些任务对于传统的人力工作模式来说尤为棘手，因为人工操作受限于工作时间和工作效率。在这个方面，财务机器人流程自动化提供了一个创新的解决方案，能够不受时间限制地持续工作，有效地处理那些需要全天候注意和处理的任务。

传统的财务人才的标准工作时间通常为每天 8 小时，仅限于工作日。这意味着财务人才每周有效工作时间大约为 40 小时。然而，对于一些财务任务来说，这种时间限制可能无法满足企业的需求。特别是在工作时间跨度长或某些时间段内工作需求突然增加的情况下，传统人工模式的财务部门可能难以及时响应。例如，银行回单和记账凭证的匹配、进项单据的查验认证等工作，往往需要及时处理以保证账目的准确性和及时性。在传统模式下，这些任务可能因人力资源的限制而积压，尤其是在业务高峰期或月末、季末等关键时刻，一味地要求财务人才加班可能造成人力资源的流失。

财务机器人流程自动化在这方面的应用显得尤为重要，可以 24 小时不间断地运行，不受传统工作时间的限制。这意味着财务处理任务可以即刻进行，无须等待下一个工作日。例如，财务机器人流程自动化可以被设置为在银行回单到达时立即处理，或者在收到进项单据后立即进行查验和认证，从而确保财务数据的及时性和准确性。财务机器人流程自动化还能够处理那些在特定时间段内突然增加的工作量。比如在财务报告期或税务申报期，工作量往往会显著增加。在这些时期，财务机器人流程自动化可以提供必要的支持，确保所有任务都能在规定的时间内完成。

财务机器人流程自动化的这种全天候工作能力不仅提高了财务处理的效率和准确性，还为企业提供了更大的灵活性和应对突发情况的能力。通过利用财务机器人流程自动化，企业能够确保关键的财务任务得到及时处理，也减轻了财务人才的工作压力，改善了企业财务管理的效率。

5.多个异构系统对接的工作

在企业运营中，面对多个异构系统的数据整合和流转是一项常见且具有挑战性的任务。这些系统可能由不同的供应商开发，使用不同的技术平台，因此在数据交互和集成上存在一定的复杂性。在这种背景下，财务机器人流程自动化提供了一种灵活且高效的解决方案，用于跨多个异构系统进行数据处理和流转。

异构系统间的数据整合通常需要大量的手动操作，如登录不同的系统，执行数据的采集、输入、校验、上传和下载等。这些任务不仅耗时且容易出错，还需要财务人才熟悉多个系统的操作。在传统的集成方法中，这通常需要对涉及的系统进行广泛的修改或开发新的应用程序接口，这不仅成本高昂，而且可能影响现有系统的稳定性和安全性。

财务机器人流程自动化通过用户界面或脚本语言与系统交互，可以模拟人类的操作和判断。与需要复杂系统集成的传统方法不同，财务机器人流程自动化借助设计独立的自动化任务来执行这些操作，而无须对现有的信息系统架构进行改造。这种方法不仅减少了对系统间直接集成的依赖，还提高了整合过程的灵活性和效率。这种灵活性和效率的提升，使财务机器人流程自动化成为在复杂企业信息环境中处理数据流转的理想选择，特别是在那些数据接口开放存在困难的场景下。通过财务机器人流程自动化，企业能够更加高效地管理跨系统的财务数据，从而提升整体的企业财务管理能力和企业运营效率。

例如，一个企业可能使用一个系统来管理其账户接收，而另一个系统用于账户支付。在传统的手动操作中，财务人才需要在这两个系统之间转换，手动输入和校验数据。通过应用财务机器人流程自动化，这些操作可以自动化执行。财务机器人流程自动化可以被编程以登录这些系统，自动采集和输入数据，执行必要的校验工作，并在完成后上传结果或发送通知。财务机器人流程自动化在处理异构系统间的数据流转时，还可以确保数据在不同系统间的一致性和准确性。

二、财务机器人流程自动化在智能化企业财务管理中的应用场景

对账、资金支付、发票处理和纳税申报是财务机器人流程自动化在智能化企业财务管理中的四个典型应用场景。

（一）对账

对账是一个典型的企业财务管理工作，通常涉及大量的交易数据，这些数据分散在各种不同的系统和平台上。例如，一家企业可能需要定期核对其银行账户中的交易记录与内部财务系统记录的销售或采购数据。在传统的手动操作中，财务人才需要逐条检查银行流水，对照内部账目进行核对，这个过程既耗时又容易出错。

引入财务机器人流程自动化后，这一过程会发生显著变化。财务机器人流程自动化会被设置为能够自动登录银行系统和企业的财务系统，自动提取银行流水单上的交易记录，如日期、金额、交易方等信息，并将这些数据与企业财务系统中的相应记录进行比对。财务机器人流程自动化不仅能简单地比对数据，还能够应用先进的算法来识别模式和常规交易，从而更快地完成匹配工作。比如，对于定期发生的同金额交易，如月度租金支付，财务机器人流程自动化能够快速识别并自动核对这些常规交易，而不需要人工干预。

当遇到异常账务时，财务机器人流程自动化的表现尤为突出。例如，如果检测到某笔交易的金额与历史记录中相似交易的金额相差较大，财务机器人流程自动化会自动标记这笔交易，并通知财务团队进行进一步的审查。这种自动化的异常检测不仅提高了对账的准确性，还增强了企业对潜在风险的控制。财务机器人流程自动化在优化账务处理方面也表现卓越。比如可以自动进行数据分类和统计，为财务分析提供支持。财务机器人流程自动化还能识别并处理重复的账目，如错误地多次录入同

一笔交易，确保账目的准确性。

在对账这一典型财务场景中，财务机器人流程自动化通过自动化和智能化的功能显著提高了工作效率和准确性，同时为企业节省了宝贵的时间和资源。[①] 通过这样的实际应用，财务机器人流程自动化将逐渐成为企业财务部门不可或缺的一部分。

（二）资金支付

出纳是企业财务管理中的一个重要岗位，主要负责资金的收付，无论是支付给供应商的款项、员工薪酬，还是其他各种款项的转账，所有这些都需要精确和及时的处理。

假设一家企业需要定期向多个供应商支付款项。在传统的流程中，财务部门的工作人员需要手动检查每笔订单的详细信息，确认应付款额，然后逐一进行转账操作。引入财务机器人流程自动化后，这一流程会发生根本性的变化。财务机器人流程自动化可以自动从企业的采购系统或财务系统中提取相关的订单和发票数据。然后根据这些数据计算每个供应商的应付款额，并自动登录到银行的支付系统中执行转账操作。财务机器人流程自动化在打款操作中还具有多项智能功能。比如，财务机器人流程自动化可以根据预设的规则自动识别和处理定期支付，比如租金或订阅费用。对于一次性或非定期的支付，财务机器人流程自动化可以根据设定的条件进行审核和授权，确保支付流程的合规性和安全性。如果在支付过程中出现了异常，比如支付金额与合同约定不符，财务机器人流程自动化会自动标记这些交易，并通知财务人才进行核实。此外，财务机器人流程自动化还可以在完成支付后自动生成并发送支付确认单给相关的供应商或员工，提高了支付流程的透明性和可追溯性。

---

① 程平,李宛霖.机器人流程自动化财务机器人在企业中的应用与展望［J］.财务与会计，2022（6）:74-78.

（三）发票处理

在企业财务管理的众多环节中，发票处理是一个既常见又关键的环节，尤其是对于那些日常需要处理大量发票的企业来说。

在处理发票的具体场景中，财务机器人流程自动化可以展示其独特的能力，特别是在处理大量发票方面。以一个具体例子来说明，假设一个企业每天收到大量供应商发票，这些发票格式各异，包含不同的信息。在这种情况下，财务机器人流程自动化可以自动执行发票的扫描和数据提取任务。这不仅包括基本信息如金额、日期、供应商名称等，还包括更复杂的数据，比如税率、商品编码等。与手动录入相比，财务机器人流程自动化在这一步骤中展现了其对多样化数据格式的适应性和对细节的高度敏感性。财务机器人流程自动化还能在发票数据与企业购买订单之间进行智能匹配和核对。通过预设的算法，财务机器人流程自动化能够识别不同类型的发票与相应订单之间的关联性。例如，对于周期性的定期付款发票，财务机器人流程自动化能够迅速识别和处理；而对于那些一次性或不规则的发票，财务机器人流程自动化则会按照特定的规则进行更细致的审查。

此外，财务机器人流程自动化在处理大量发票时，能够有效地管理和记录发票的状态，标记已经处理完毕的发票，正在等待审批的发票，或需要进一步核实的发票。这种状态管理不仅增加了发票处理过程的透明度，还为企业提供了关于发票处理进度的实时视图。

通过以上方式，财务机器人流程自动化会帮助企业构建了一个更加高效、有序且易于管理的发票处理流程，使企业能够更加灵活地应对各种发票处理的挑战，无论是处理大量的日常交易发票，还是处理那些需要特别关注的异常情况。这种改进不仅体现在提升工作效率上，还体现在增强了整个财务处理流程的管理能力和响应灵活性上。

（四）纳税申报

纳税申报是一个复杂且极需精确性的过程，要求企业准确报告其收入、支出，以及其他相关的财务信息，以确保企业遵守相关税务法规。这个过程常常涉及大量的数据整理和精确的计算，特别是对于那些业务多样化、操作范围广泛的企业来说。在这种背景下，财务机器人流程自动化能够提供实际且有效的解决方案。

尤其是企业有多个业务部门的情况下，每个部门都有独立的收入和支出。在税务申报期间，财务部门需要汇总所有部门的财务数据，包括销售收入、采购成本、员工薪酬等，以便准确计算应纳税额。在传统流程中，这通常意味着需要财务人才手动从不同的财务系统中提取数据，进行核对和计算。财务机器人流程自动化的应用可以有效改善这一过程。财务机器人流程自动化能够自动访问各个部门的财务系统，收集必要的数据，例如销售报告、发票和工资单。然后根据预设的税务规则自动计算各种税种，如增值税、企业所得税等。这些计算包括确定应税收入、可抵扣费用，以及适用的税率。财务机器人流程自动化还能够协助准备必要的税务文件和表格。例如，财务机器人流程自动化能够自动生成税务申报表，并确保所有所需信息都已准确填写。

在整个过程中，财务机器人流程自动化还能够持续监控税务申报的状态，确保所有文件都在截止日期前准备妥当。如果发现数据不一致或缺失，财务机器人流程自动化会及时提醒财务团队，以便他们可以采取相应的行动。

三、财务机器人与财务人才协同工作策略

在企业财务管理的智能化转型中，确保财务机器人与财务人才有效协同工作是关键。财务机器人与财务人才协同工作策略包括以下几点，如图 3-2 所示。

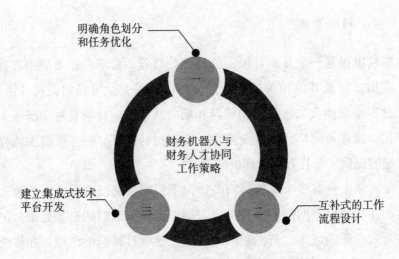

图 3-2　财务机器人与财务人才协同工作策略

（一）明确角色划分和任务优化

财务机器人一般会被指派处理那些重复性高且大量的数据处理工作。这些工作通常包括数据录入、基本的账务处理、生成标准报告等。例如，财务机器人可以自动从电子邮件、发票或其他财务文件中提取数据，然后将这些数据输入财务系统。在一些更进阶的应用中，财务机器人甚至可以执行某些初步的数据分析任务，如识别消费趋势或预测现金流量，为后续的决策提供有价值的初步参考。

财务人才的角色更侧重那些需要专业知识、分析能力的任务。这些任务可能包括复杂的财务分析、战略规划、决策支持，以及对机器人提供的数据进行深入解读。财务人才需要分析由机器人生成的预测报告，结合市场趋势和企业目标制订财务策略，并处理那些机器人难以解决的复杂财务问题，如涉及多方面判断和决策的税务规划或资金管理。

通过这种明确的角色划分和任务优化，企业能够确保其财务团队，包括财务人才和财务机器人，都在最适合他们能力和专长的领域工作。这不仅提高了整个团队的工作效率，还确保了各项任务能够得到最专业和精准的处理。这种策略也促进了财务人才和财务机器人之间的协同合作，使他们能够共同推动企业财务管理的效果。

比如银行 U 盾的使用和管理就是一个典型的例子，在下载银行流水和获取当日余额时，财务机器人可以集成安全管控软件，以便无须物理插拔即可使用 U 盾，通过自动化流程快速、准确地完成这些工作，也避免因频繁物理操作导致的设备损耗。在需要进行更复杂的 U 盾操作时，比如需要输入密码或进行特定确认，财务人才可以介入。这种人工介入保证了操作的安全性和合规性，尤其是在处理敏感的财务信息时。在 U 盾休眠问题上，企业可以通过财务机器人执行命令控制通电串行总线端口的电源通电 / 断电来解决，无须人工插拔。在需要人工操作的情况下，财务机器人可以使用专用自动按键器矩阵模拟按"OK"键操作，由财务人才进行必要的监督和确认。

（二）互补式的工作流程设计

在企业财务管理中，设计一种既有效又高效的协作模式是实现智能化转型的关键步骤。互补式的工作流程设计恰好提供了这样一种模式，能够确保财务机器人和财务人才的工作不仅相互独立，而且相互增强。

这一策略能够优化整个财务处理流程，使之更加流畅和高效。在这种模式下，财务机器人承担起数据处理和整理的重担。例如，财务机器人可以自动从不同的数据源中提取信息，包括电子邮件、发票、银行流水等，并将这些数据格式化、分类并输入财务系统，对这些数据进行初步的分析，比如计算特定时期的总支出或收入，识别常规和非常规的消费模式。

一旦这些基础性的数据处理工作完成，财务人才便能够介入，利用由财务机器人提供的准确且实时的信息进行更深入的分析。在这个阶段，财务人才的专业知识和经验显得尤为重要。他们可以利用这些数据来进行财务预测、风险评估，甚至制订长期的财务战略。

这种互补式的工作流程还可以提高整体的工作效率。财务机器人能够处理大量重复性高的任务，释放了财务人才的时间和精力，使他们能够专注更有价值的工作，从而最大化财务机器人的技术优势，还能充分发挥财务人才的专业能力，提升整个团队对复杂财务问题的处理水平。

（三）建立集成式技术平台开发

一个集成式技术平台的建立能使财务机器人和财务人才能够在同一系统内协作，提高数据共享和通信效率，从而最大化财务自动化的潜力，保留财务人才在复杂财务处理中的关键作用。

集成式技术平台具有整合能力，它可以将不同来源的数据汇总到一个统一的界面，包括从财务机器人自动收集的数据和财务团队手动输入的信息。这种集成不仅减少了数据传输中的时间延迟，也减少了由于手动处理导致的错误。例如，财务机器人可以自动处理日常的交易记录和发票数据，而财务人才可以利用这些实时更新的数据进行更复杂的分析和决策。

这个平台还提供了一个开放的工作空间，财务人才可以在此查看机器人生成的报告、直接进行数据查询，甚至可以调整机器人的操作参数。这意味着财务团队可以更快地响应市场变化和内部需求，实现敏捷的企业财务管理。在操作上，集成式技术平台通过用户友好的界面简化了财务机器人的使用。即使是对自动化技术不太熟悉的财务人才，也能够轻松地监控和管理财务机器人的工作，比如设定任务优先级、查看任务进度或是分析财务机器人生成的数据。

安全性也是集成式技术平台的一个重要考虑。通过集中管理，平台能够更有效地监控数据访问和处理过程，确保财务信息的安全性和机器人操作的合规性。这种集中管理还为企业提供了更好的数据洞察和审计追踪能力。

第二节　智能引擎

一、智能引擎相关介绍

（一）智能引擎的内涵

引擎通常指一种机械装置，能够将某种形式的能量（如化学能、电能）转换为机械能，从而驱动各种机器。这类引擎的典型例子包括内燃机、电动机和蒸汽机等。不过这都是物理形态的引擎，在信息技术领域中，引擎被赋予了更抽象的含义，指一类系统，这些系统在软件或网络环境中执行特定的功能或处理特定的任务。例如，推荐引擎在电子商务网站中分析用户行为以提供个性化的商品推荐；搜索引擎通过复杂的算法在互联网上检索相关信息；数据库引擎管理和操作存储在数据库中的数据；规则引擎按照一系列预定义的规则来自动化决策过程。

这些引擎技术与人工智能相结合便产生了所谓的"智能引擎"。智能引擎利用先进的智能技术和机器学习算法来实现自主决策和优化。智能引擎通过对大量输入数据进行深入分析，然后根据预设的规则，自动地生成决策。智能引擎不仅可以执行复杂的任务，还能从经验中学习并不断优化性能。

与人工相比，智能引擎可以处理更大量、更复杂的数据集，同时以更高效和更准确地方式做出决策。随着技术的发展，智能引擎的应用领域也在不断扩展，逐渐成为各行各业不可或缺的工具。

（二）智能引擎的工作流程

智能引擎的工作流程涉及数据采集、数据预处理、特征工程、模型训练、模型评估和优化，这些环节在构建和运行智能引擎时都发挥着关键作用，如图 3-3 所示。

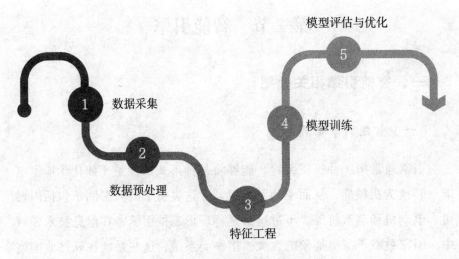

图 3-3 智能引擎的工作流程

1. 数据采集

数据采集是智能引擎的起点,涉及收集与业务目标相关的数据。这些数据可以是结构化的(如数据库中的表格数据),也可以是非结构化的(如文本、图像、声频)。高质量的数据采集是智能引擎成功的关键,因为数据的广度和质量直接影响模型的准确性和可靠性。比如在构建一个面向消费者的购物推荐引擎时,数据采集可能包括收集用户的购物历史、浏览记录、个人偏好等信息。这不仅涉及简单地收集用户的点击和购买历史,还涉及一个更广泛的数据获取过程。这包括对用户在不同平台上的行为的深入分析,如社交媒体活动、在线评论、评分,以及搜索习惯。这些数据的多样性对于构建一个有效的推荐系统至关重要,可以帮助系统更准确地理解用户的偏好和行为模式。

2. 数据预处理

数据预处理阶段是数据采集后的关键步骤,作用是确保收集的数据能被有效利用。数据预处理包括整理、格式化和转换数据,以便分析。这个过程可能涉及去除缺失值、去除异常值,以及将非结构化数据(如文本和图像)转换为可分析格式等。在上述购物推荐引擎的例子中,数据预处理可能包括去除无效的用户记录、转换日期格式，以及规范化价格数据。比如用户评论的文本分析也可能揭示用户对某一类产品的偏好，而这些信息只有在将文本数据转换为可分析的形式后才能被利用。数据预处理是确保数据质量的关键步骤，可以显著提高模型训练的效果和效率。

3. 特征工程

特征工程是选择、优化和构建数据特征的过程。这一步骤旨在确定对预测任务最重要的特征，以及生成新特征。对于购物推荐引擎，特征工程可能包括识别最能表征用户购物习惯的特征，如购买频率、平均消费额度等。特征工程需要从这些基础信息中提炼更复杂的特征，如基于过去购物行为推断的潜在购买力。良好的特征工程可以提高模型的性能和准确度，是构建有效智能引擎的核心环节。

4. 模型训练

模型训练是使用经过预处理和特征工程的数据来训练机器学习算法的过程，目的是让算法学习数据中的模式和关联，以便进行预测或分类。这个阶段的关键是选择合适的机器学习模型，并用数据对其进行训练，使其能够识别和预测模式。在购物推荐引擎中，这可能涉及使用决策树、随机森林或神经网络等算法，来识别最有可能吸引特定用户的产品。模型训练是实现智能引擎核心功能的关键步骤，训练得越好，智能引擎的性能通常越高。

5. 模型评估与优化

模型评估是检查模型性能的过程，包括准确性、召回率、精度等指标。通过测试模型在不同数据集上的性能，模型可以识别并解决问题，如过拟合或欠拟合。模型优化是在评估基础上调整模型参数，或对特征进行重新选择，以提高模型的准确率和效率。在购物推荐引擎的案例中，模型评估可能包括检查推荐的准确率和用户满意度，模型优化可能涉及调整算法参数或引入额外特征。持续的模型评估和优化可以确保智能引擎在实际应用中保持高效和准确，使智能引擎能够适应环境变化和新数据。

这些组件共同构成智能引擎的基础架构，确保智能引擎能够准确地执行预定任务。通过这些步骤的细致实施，智能引擎能够在多个领域内提供有价值的信息和自动化决策支持。

（三）代表性引擎类型

1. 推荐引擎

推荐引擎在智能时代扮演着至关重要的角色，其通过为用户提供个性化的内容和产品推荐，极大地改善了用户体验。这类引擎不仅限于向用户展示他们可能感兴趣的商品，还涉及为用户推荐音乐、电影、书籍等多种类型的内容。例如，在电子商务平台中，推荐引擎可以根据用户的购买记录和浏览习惯，展示符合其需求的商品；在社交媒体平台上，推荐引擎甚至能影响用户的信息流，展示与其兴趣更加贴合的内容。

推荐引擎的普及改变了传统的市场营销策略，使之更加高效和精准。这种智能化的推荐不仅提升了用户的购物或观看体验，还帮助商家和内容提供者更好地了解用户偏好，从而优化其产品和服务。目前，推荐引擎还在不断进化，以提供更准确、更个性化的推荐。这种技术的进步使推荐引擎能够处理更复杂的用户数据，从而在各种应用场景中发挥更大的作用。

2. 搜索引擎

搜索引擎在现代信息检索和互联网浏览中扮演着核心角色，其不仅能提供基本的网页搜索功能，还能通过深入理解用户的查询意图和上下文，提供更准确、更相关的搜索结果。在这个信息爆炸的时代，搜索引擎成为人们获取信息的重要途径，无论是在互联网上搜索资料，还是在企业内部寻找特定的数据或报告。一些知名搜索平台不仅能够根据关键词返回相关的网页，还能够理解搜索的上下文，如时间、地点和用户的搜索历史，从而提供更加个性化的结果。这种智能化的搜索体验极大地节省了用户的时间，提高了信息获取的效率。

搜索引擎不仅限于互联网搜索，还包括企业内部的数据搜索，其能够帮助员工快速找到存储在大量文档中的关键信息，从而提高工作效率。例如，一个集成了智能搜索引擎的内部知识管理系统可以使员工更快地找到所需的市场分析报告或技术文档。

如今，随着技术的发展，搜索引擎正在逐渐融入更多的智能特性，比如自然语言处理和语义理解，这使搜索引擎能够更好地理解复杂的查询。这些进步不仅提升了用户的搜索体验，还使搜索引擎在各个领域变得更加不可或缺。

3.数据分析引擎

数据分析引擎在当今数据驱动的世界中扮演着极其重要的角色。这类智能引擎专注于从庞大的数据集中提取有用的信息和模式，应用范围非常广泛，覆盖了金融分析、市场研究、运营优化等众多领域。数据分析引擎能够快速处理和分析大量复杂的数据，从而为决策者提供深入的分析和数据支持。

在金融行业中，数据分析引擎能够帮助企业分析市场趋势、预测股价波动，甚至辅助进行风险评估和管理。例如，通过分析历史交易数据、市场新闻和经济指标，数据分析引擎可以预测某只股票的未来表现，帮助投资者做出更明智的投资决策。在市场研究领域中，数据分析引擎通过分析消费者行为、购买模式和市场趋势，为企业提供有关当前市场状况的信息，从而帮助企业制订有效的市场战略和产品发展计划。这种深度分析能力对于快速适应不断变化的市场环境至关重要。在运营优化方面，数据分析引擎能够分析生产流程、供应链管理，以及客户服务流程，帮助企业发现效率瓶颈和改进点。这不仅提高了企业运营的效率，还能显著降低成本，提高客户满意度。

随着机器学习和人工智能技术的不断进步，数据分析引擎的能力正在迅速增强，能够更精准地预测未来趋势，并提供更深层次的业务分析。这些引擎已经成为现代企业不可或缺的工具。

4.感知引擎

感知引擎的主要功能是理解来自各种传感器的环境数据，如温度、湿度、声音、光线等。感知引擎能够将原始的感知数据转化为有用的信息，从而支持更复杂的决策和自动化过程。

在智能家居领域中，感知引擎的应用尤为明显。感知引擎可以通过感知室内的温度和湿度来调节空调系统，或者通过识别房间内的声音和光线变化来控制照明和音响设备。例如，一个感知引擎可以识别房间内是否有人，并根据人的活动和偏好自动调节房间的光线和温度，创造舒适的居住环境。在安全监控系统中，感知引擎通过分析声音和图像数据，可以识别异常活动，从而及时警报。工业自动化也是感知引擎的一个关键应用领域。通过收集和分析来自机器和生产线的数据，帮助优化生产过程、提高效率并减少故障。例如，在一个自动化的装配线上，感知引擎可以监测设备的性能，维护需求，从而减少停机时间。

感知引擎的核心优势在于其智能化和自适应能力。通过对环境数据的实时分析和解读，这些引擎不仅能够提供关键信息，还使系统能够更智能和高效地响应其环境。随着物联网和智能技术的发展，感知引擎将在更多领域发挥着越来越重要的作用，成为智能系统不可或缺的一部分。

二、智能引擎在智能化企业财务管理中的应用场景

（一）财务规划

在智能化企业财务管理领域内，智能引擎在财务规划方面的应用可圈可点。通过深入的数据分析和智能化的决策支持，这些引擎能够帮助

企业更科学、更高效地规划和利用财务资源。

在利用数据分析引擎进行预算规划和财务预测的场景中，引擎不仅能分析历史的财务数据，还能够识别潜在的趋势和模式，预测未来的收入、成本和市场变化。比如，对于一家零售企业而言，数据分析引擎可以分析过去几年的销售数据，结合市场趋势、季节性因素和消费者行为，来预测接下来几个季度的销售额和利润。这样的预测既能帮助企业做出更加合理的预算安排，也能指导企业进行库存管理和营销策略的调整。

在资金分配方面运用推荐引擎也是一个典型场景。在多项目运营的大型企业中，如何有效地分配资金至各个部门或项目是一个复杂的问题。推荐引擎可以根据每个部门或项目的历史表现、未来潜力和对企业整体战略的贡献，提供资金分配的优化建议。例如，推荐引擎能够识别出某一新兴业务领域虽然目前收益有限，但具有巨大的增长潜力，因此推荐企业增加对该领域的投资。

在融资管理方面，智能引擎同样显示出优势。以贷款还款计划的制订为例，智能引擎可以根据借款人的财务状况、贷款金额、利率和还款期限等因素，计算最合理的还款计划。不仅如此，智能引擎还能模拟不同的还款方案对借款人财务状况的长期影响，从而帮助他们做出最有利的决策。例如，对于一位刚刚开始创业的企业家，智能引擎会建议企业家在初期选择较低的还款额，以减轻财务压力，并在业务稳定后增加还款额度。

（二）投资管理

在企业财务管理智能化转型过程中，智能引擎在投资管理方面的应用将为企业带来巨大的变革。这些引擎通过深入分析企业的财务状况、市场趋势和风险承受能力，为企业提供精准的投资建议。数据分析引擎可以分析企业的财务报表、历史投资表现和市场环境，识别出那些过去表现良好且符合企业风险承受能力的投资类型。然后，推荐引擎可以进一步从可用的投资机会中筛选出最适合企业当前财务状况和未来增长目标的选项。如果企业希望扩大其在新兴市场的业务，推荐引擎可能会建议投资那些具有高增长潜力但相对风险较高的新兴市场资产。反之，如果企业更注重资本保值，推荐引擎可能会推荐投资于债券或其他低风险资产。

智能引擎还可以帮助企业管理其投资组合。通过不断分析市场动态和企业的财务状况，智能引擎能够及时提出调整投资组合的建议，以适应市场变化和企业战略的调整。例如，面对市场利率的变化或经济周期的转换，智能引擎能够及时建议企业调整其债券和股票的持仓比例，以保护投资组合免受市场波动的影响。

在更先进的应用中，智能引擎还可以运用机器学习算法来持续跟踪和分析市场数据，预测市场趋势，从而为投资决策提供实时的、数据驱动的支持。这种高级别的分析能力使智能引擎不仅能在一开始提供投资建议，还能在投资周期中不断调整投资组合，以应对市场的变化。

（三）财务信息检索

在现代企业财务管理中，财务信息检索是一个至关重要的环节。随着业务的扩展和数据量的增长，企业财务团队面临着从海量数据中快速准确地检索所需信息的挑战。智能引擎在这一场景中扮演着关键角色，通过提供高效、精确的搜索功能，极大地提升了财务信息管理的效率和准确性。

基于企业财务报表、市场数据和合规文件的复杂性，企业定制的搜索引擎能够帮助财务团队迅速定位特定信息。尤其对于组织结构复杂的集团企业来说，他们需要审查其全国各地分公司、子公司的财务报表。在这种情况下，智能引擎能够通过关键词搜索、过滤器和高级查询功能，迅速提取特定区域、时间段或者业务线的财务数据。这不仅加快了信息检索的速度，还提高了数据分析的准确性。

在审计方面，智能引擎的作用尤为突出。在面对繁杂的财务记录和合规要求时，智能引擎可以帮助审计团队快速定位关键的交易记录、合同和合规文档。例如，对于内部审计团队来说，智能引擎可以快速筛选出与特定审计查询相关的所有交易记录和支持文件，从而显著缩短审计周期，同时提高审计的准确性。

智能引擎在持续监控和合规性报告方面也显示出其独特的价值。通过对企业财务数据的实时分析，智能引擎能够及时识别潜在的合规风险和异常交易，从而帮助企业提前防范风险。例如，智能引擎可以监控企业的财务交易，使用预设的规则和模式识别功能来识别不寻常的支付模式或潜在的欺诈行为，从而为企业提供及时的风险预警。

智能引擎在财务信息检索中的应用不仅提高了信息检索的速度和准确性，还为企业的审计和风险管理提供了强大的技术支持。随着财务数据的增加和复杂化，智能引擎将成为企业财务团队不可或缺的工具，帮助他们更有效地管理和利用财务信息。

（四）财务流程自动化

财务流程自动化是最典型的企业财务管理智能化转型场景，这个领域为智能引擎的应用带来了新的维度，使企业能够更高效、更智能地管理其财务流程。

以自动跟踪发票处理状态为例，智能引擎可以实时监控和分析发票处理流程中的每一个环节。在接收到新的发票时，智能引擎能够自动识别发票上的信息，如供应商名称、金额和付款条件，并将其与企业的采购订单和合同进行匹配，确保发票的准确性和合法性。如果发现任何异常或不匹配的情况，系统可以立即发出警报，供财务团队进一步审查。这些引擎还能够自动追踪发票的批准和支付状态，确保支付及时完成，同时提高整个流程的透明度。

在预算执行监控方面，智能引擎同样展现了强大的能力，能够实时监控企业的支出和预算执行情况，及时识别出超支或未充分利用的预算。通过对不同部门或项目的支出进行持续跟踪和比较，智能引擎可以帮助企业更好地理解其财务状况，优化预算分配和控制策略。

还有在贷后资金监控方面，智能引擎能够监控贷款资金的流向，确保资金用途符合贷款的初衷。例如，对于商业银行而言，智能引擎可以分析贷款接收者的银行交易记录，监控资金是否流入股市或楼市，或者是否有资金通过第三方账户非法回流。这些智能监控不仅帮助银行减少了贷款风险，也符合监管要求，确保了银行业务的合规性。

三、智能引擎在企业财务管理智能化中的应用策略

智能引擎在企业财务管理智能化中的应用策略需要精心规划和执行，以确保最大化其潜力和效益。以下是智能引擎的应用策略。

（一）明确应用目标

确立清晰的应用目标是智能引擎成功应用的基石。企业需要识别企业财务管理中的关键领域和痛点，确定智能引擎可以发挥作用的具体方面。这一过程涉及对现有财务流程的深度分析，以及对未来财务目标的明确规划。

例如，如果一个企业发现其财务报告过程耗时且易出错，那么明确的应用目标可能是通过自动化流程来提高报告的准确性和效率。或者，如果企业面临着复杂的预算分配和资金管理挑战，那么应用目标可能是利用智能引擎来优化资金配置，降低财务风险。

企业在设定应用目标时关键是要实际和量化。应用目标可以是将财务报告的错误率降低一定比例，或将预算编制时间缩短。通过设定具体和可衡量的应用目标，企业不仅能更清楚地了解所需的智能引擎类型和功能，还能在后续阶段更有效地评估智能引擎的性能和影响。

（二）保证数据质量和集成

数据是智能引擎的生命线，因此确保高质量的数据输入是至关重要的。企业应采取措施清理和标准化其财务数据，以提供给智能引擎准确和一致的信息。这包括从不同业务部门收集数据、消除数据冗余和确保数据的时效性和完整性。例如，对于一个集团企业来说，其财务数据可能分散在不同的地区和系统中。在这种情况下，企业需要建立一个统一的数据集成平台，将这些分散的数据源汇集到一起，以供智能引擎使用。这不仅有助于提高数据的可用性和准确性，还能确保智能引擎能够提供全面和一致的分析结果。

企业还需要建立持续的数据维护和更新机制。随着业务的发展和市场的变化，财务数据也会不断变化。定期更新和维护数据可以确保智能引擎始终基于最新和最准确的信息进行分析，从而提高决策的质量和可靠性。

（三）选择合适的智能引擎

选择适合企业特定需求的智能引擎至关重要。这涉及对市场上可用的智能引擎进行全面的评估，包括其功能、性能、成本和兼容性。[①] 智能引擎应能够与现有的信息技术基础设施无缝集成，以及能够灵活适应未来的业务变化和技术进步。如果一个企业的主要目标是自动化其发票处理流程，企业就需要选择一个能够处理大量发票数据、识别各种发票格式并与现有账务系统集成的智能引擎。基于技术的快速发展，企业选择一个能够轻松升级和扩展的引擎也很重要，以便企业能够适应未来的技术变化。供应商的技术支持也很关键，一个可靠的供应商不仅能提供高质量的产品，还能提供必要的技术支持和服务，帮助企业顺利实施智

---

① 王雷. 基于智能引擎下的高校财务平台体系研究 [J]. 上海商业，2022（8）：122-124.

能引擎，并在遇到问题时提供及时的帮助。

企业选择合适的智能引擎需要综合考虑多种因素，包括技术能力、成本效益和长期可持续性。通过仔细评估和选择，企业可以确保所选引擎最大限度地满足企业财务管理需求，同时为未来的增长和发展打下坚实的基础。

（四）注重用户培训和接受度

即使智能引擎再先进，如果财务团队不会使用，或对其产生怀疑，那么智能引擎的潜力就无法得到充分发挥。因此，企业需要投入资源来培训财务团队，确保他们不仅了解这些智能引擎的操作方法，还要理解系统提升工作效率和决策质量的方式。

培训计划应涵盖智能引擎的基本操作、数据输入、结果解读，以及常见问题的处理方法。例如，对于一款用于预算分析的智能引擎，财务团队需要了解其上传和整合数据、设置分析参数、解读预测结果的方法。培训也应关注消除团队对新技术的疑虑和抵触。通过展示智能引擎简化日常任务、减少错误和提升数据分析深度的方法，财务团队成员对新系统的信任和接受度会有所增强。企业还可以通过引入先导项目，让团队成员亲自体验智能引擎带来的好处，从而逐步增强他们对系统的信任。

（五）合规性和安全性

随着数据隐私和保护法规的不断更新，确保智能引擎符合所有相关法律和行业标准是企业必须承担的责任。这不仅涉及数据的收集和处理方式，还包括数据存储和传输的安全性。

合规性策略应包括对智能引擎进行定期的合规性审查，以确保符合最新的法规要求。例如，企业应确保引擎在处理个人财务数据时采取了适当的加密和匿名措施，以防止数据泄露和滥用。安全性策略需要涵盖对系统的持续监控，以防止和及时响应任何安全威胁。这包括定期更新软件、打补丁，以及对系统进行渗透测试。企业还需要建立应急响应计划，以便在发生数据泄露或其他安全事件时迅速采取行动。

（六）持续的监控和优化

在引入智能引擎后，持续的监控和优化是确保其长期有效性的关键。这意味着企业需要定期评估智能引擎的性能，收集用户反馈，并根据业务需求和市场变化对系统进行调整。

持续监控的实践可以包括定期检查智能引擎生成的报告和分析结果的准确性，监控系统的运行效率，以及跟踪用户的使用情况。例如，如果一个用于财务预测的智能引擎的预测结果与实际发生的情况有较大偏差，那么就需要调查原因，并对模型进行调整。

优化策略应当基于实际的业务需求和用户反馈来制订。这可能涉及调整智能引擎的算法、增加新的功能或改进用户界面。例如，如果用户反馈显示某个财务报告系统的用户界面不够直观，企业可能需要对界面进行重新设计，以提高用户体验。

第三节 OCR 技术

一、OCR 技术相关介绍

（一）OCR 技术的内涵

OCR 技术是一种让计算机能够读取和理解纸质文档上的打印文字或手写字迹，并将其转换为可编辑和可搜索的电子文本格式的技术。这项技术允许电子设备如扫描仪或数字相机捕捉纸质文档上的文字、图像，然后通过复杂的图像处理和字符识别算法，识别出其中的文字。

OCR 技术的应用广泛而深远，从办公自动化到数据归档，再到高级的文档分析和管理，OCR 技术都发挥着重要的作用。在企业中，OCR 技术可以帮助快速转换大量的纸质文件，使文档管理更高效，信息检索更容易。在图书馆和档案馆，OCR 技术将古老的文档和书籍数字化成为可能，为保存和研究历史文献提供了强大的工具。

随着技术的不断进步，OCR 技术在准确性和速度上都有了显著的提升。这不仅改变了人们处理和管理文档的方式，还为自动化和智能化提供了更多可能性。从简单的文本识别到复杂的文档分析，OCR 技术正成为连接传统文档与数字世界的重要桥梁。

（二）OCR 技术的工作流程

OCR 技术的工作原理可以被视为一个将纸质文本转换为电子文本的多步骤过程，具体过程如下。

1. 图像捕获

图像捕获要借助扫描设备完成，如扫描仪或数码相机。这些设备工作的原理是通过光学传感器捕捉纸质文档上的图像。这一阶段重要的是捕获清晰、无扭曲的图像，因为图像的质量直接影响后续识别的准确性。当一张标准的纸质文档被放置在扫描仪下，扫描仪的传感器沿着纸张逐行扫描，捕获文字和图像的每一个细节。

2. 图像预处理

图像被捕获后，接下来是预处理阶段。图像预处理的目的是改善图像的质量，使其更适合进行文字识别。这一阶段包括多种技术，如去噪声、校正扭曲、调整对比度和亮度等。如果原始文档有折痕或污渍，图像预处理可以帮助去除这些干扰因素，清晰地呈现文字。

3. 字符分割

预处理后的图像接下来会进入字符分割阶段。在这一阶段中，OCR 技术会将整个文档分解成单个字符或文字块。这是一个挑战性的过程，尤其是在处理复杂的版面布局或多列文本时。OCR 技术需要准确地区分不同的字符和单词，同时避免将两个相邻的字符误判为一个。

4. 字符识别

字符分割之后，OCR 技术开始字符识别过程。这是 OCR 技术的核心，涉及复杂的模式识别和机器学习算法。OCR 技术分析每个字符的形状，将其与数据库中的字符模板进行比较，以确定最匹配的字符。这个过程类似人类阅读时的识别过程，但依赖算法而非人类经验。

5. 后处理和校对

一旦字符被识别，OCR 技术通常会进行后处理和校对阶段。这一步骤包括检查识别的文本与原始文档的一致性，纠正常见的识别错误。例如，OCR 技术可能会使用语言模型来识别和纠正拼写错误或语法错误，从而提高最终文本的准确性。

6. 输出格式化

最后一步是输出格式化。在这一阶段，OCR 技术识别出的文本被转换成可编辑的电子格式，如 Word 文档或 TXT 文件。OCR 技术会保持原始文档的布局和格式，包括段落、标题和列表等。这样，用户就可以像处理其他电子文档一样，进行编辑和格式化。

经过上述步骤，OCR 技术会将复杂的图像处理和模式识别算法相结合，能够将纸质文档转换为可编辑的电子格式，这一过程不仅提高了信息处理的效率，也为文档的长期保存和检索提供了便利。随着技术的进步，OCR 技术的准确率和速度都在不断提高，使其成为现代文档管理不可或缺的工具。

不过，OCR 技术面临着一些挑战，尤其是在识别准确率方面。不同的字体、大小、格式甚至纸张的质量都可能影响 OCR 技术的识别效果。为了提高准确率，具有 OCR 技术的软件通常会包含一套复杂的算法来处理这些变量。对于手写文本或模糊不清的印刷文字，这些软件需要更高级的识别技术来解析。

为了解决这些问题，现代 OCR 技术已经开始采用机器学习方法。通过训练大量的数据样本，OCR 技术能够学习和改进其识别模式，从而提高对各种文字和字体的识别能力。这些技术的发展使 OCR 技术不仅能处理标准的打印文本，还能处理更多样化的文本类型，如手写笔记、医学记录等。

（三）OCR 系统性能的影响因素

在评估 OCR 系统的性能时，有几个关键指标需要考虑，如图 3-4 所示。这些指标不仅影响着系统的总体效能，也决定了用户对该技术的接受程度和使用体验。

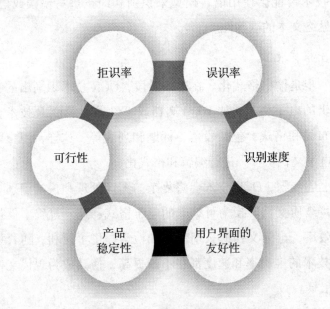

图 3-4 OCR 系统性能的影响因素

1.拒识率

拒识率是指 OCR 系统无法正确识别字符的比例，这是衡量 OCR 系统精确度的关键指标。高拒识率意味着系统无法识别大量字符，这将直接影响文本转换的完整性。例如，如果一份文档中有 1000 个字符，而系统未能识别其中的 100 个，那么拒识率为 10%。降低拒识率是提高 OCR 系统性能的重要目标，其关键在于改进识别算法的灵敏度和适应性，以及提升图像的质量。OCR 系统的拒识率通常通过大量的样本测试来衡量，以确保在不同类型和质量的文档上都能维持低拒识率。

2. 误识率

误识率是指 OCR 系统错误识别字符的比例。高误识率意味着系统将某些字符错误地识别为其他字符，这会影响用户对结果的信任度。减少误识率的关键在于提高系统对字符形状和风格的识别能力，尤其是在处理不规则字体和手写文本时。例如，在处理手写文本或模糊的打印文本时，字母"e"可能被错误地识别为字母"c"，或者将字母"O"误识别为数字"0"。误识率的降低依赖算法的准确性和学习能力，通常通过比较 OCR 系统输出的文本和原始文档来计算误识率。

3. 识别速度

识别速度是衡量 OCR 系统处理文档快慢的指标，是评价系统效率的关键指标。高效的 OCR 系统能够在短时间内处理大量文档，这对于需要处理大规模文档的企业尤其重要。识别速度不仅受制于 OCR 系统的算法效率，还与硬件性能有关。所以，识别速度的提高策略包括优化算法的执行效率和使用更快的硬件。

4. 用户界面的友好性

用户界面的友好性通常直接影响用户与 OCR 系统的交互效率，通过用户反馈、使用测试和用户体验评估来衡量。一个直观、易于操作的用户界面可以让用户更容易地导入文档、开始识别过程并处理结果，降低用户的学习成本，提高工作效率。界面友好性的关键在于充分考虑用户的操作习惯和易用性，使非专业用户也能轻松使用。简洁的设计、清晰的指示和流畅的操作流程缺一不可。

5.产品稳定性

产品稳定性是指OCR系统在长时间运行和处理大量数据时的可靠性，通常通过系统的运行时间、错误率和恢复能力来衡量。一个稳定的系统在连续处理大量文档时不会崩溃或产生错误，这对于保证工作流程的连续性至关重要。相反，不稳定的系统可能导致频繁的崩溃或错误，这不仅影响效率，还可能导致数据丢失。产品稳定性的提高需要进行全面的系统测试、定期的维护和及时的更新。

6.可行性

可行性考量了OCR系统在不同条件下的实际应用能力，如对不同类型文档（如不同语言、字体、格式）的适应性，以及在不同操作系统和硬件上的兼容性。高可行性的系统能够在多种使用场景中保持良好性能，满足不同用户的需求。评估可行性通常涉及广泛的场景测试和兼容性分析。

以上这些指标共同构成了衡量OCR系统性能的综合框架。通过持续优化这些方面，OCR系统能够更好地服务各种文本识别需求，提高工作效率，为智能化转型做出贡献。

二、OCR技术在智能化企业财务管理中的应用场景与趋势

OCR技术在智能化企业财务管理中的应用场景主要是档案的数字化。尤其对于需要保存长期记录的企业，OCR技术可以帮助企业将历史财务记录转换为电子格式，便于存储、检索和分析。在企业财务管理体系中，这一技术的应用不仅局限简化手工劳动，更是在优化财务流程、提升数据质量，以及增强信息安全方面发挥着重要作用。

比如，在财务部门的日常工作中，发票处理是一项基本而重要的任务。前边介绍过财务办公的机器人自动化流程来处理发票，而这个处理过程需要集成OCR技术来识别发票、上传发票。通过扫描设备捕获的发

票图像，OCR 技术能够准确识别上面的文字信息，如供应商名称、交易金额和日期等，并自动将这些数据录入企业的财务系统。

对于收据和凭证的管理，OCR 技术同样起到了至关重要的作用。在许多企业中，员工的差旅费用报销是一项常见的财务活动，通常涉及大量的收据处理。在传统的处理流程中，员工需要提交纸质收据，财务部门人员则需要手动核对和录入相关信息。借助 OCR 技术，这些收据可以迅速转换为数字格式，并通过系统自动识别出关键信息如消费日期、金额和类别，进而与相应的报销请求进行匹配和验证。

还有合同管理和凭证归档，这些文档通常包含大量的关键信息，需要被妥善保存和管理。在传统的纸质存档方式中，这些文档的存储、归档和检索都是极其耗时和低效的。通过运用 OCR 技术，这些纸质文档可以迅速转换为电子格式，使文档的存储更安全和高效，也方便了信息的检索和利用。企业可以通过电子化的合同和凭证，快速搜索特定条款或交易记录，从而提高工作效率和响应速度。

不过，随着电子发票和电子档案的普及，数字化、智能化进程的加快，越来越多的财务信息和文件从一开始就以电子格式存在，这使 OCR 技术的需求有所下降。但在完全实现纯数字存储之前，还有一段转型过渡期，这个过渡期类似历史上从手写记录到打印文档的转变。当时，尽管打印技术的出现有效提高了文档制作的效率，但手写文档在一段时间内仍然广泛存在。类似地，虽然数字化、智能化是未来的趋势，但在完全实现这一转变之前，许多企业仍然需要处理大量的纸质文档。这些文档需要被转换为数字格式以便更好地存储、管理和分析，而 OCR 技术在此过程中起着至关重要的作用。

随着技术的发展和应用的深入，人们可能会看到 OCR 技术的角色和功能发生变化。人工智能技术的进步使 OCR 技术的精确度和应用范围会进一步扩大，从而能为企业提供更加高效和智能的文档转换服务。

三、OCR 技术在智能化企业财务管理中的应用策略

在智能化企业财务管理中，OCR 技术的应用策略需要针对财务领域的特殊需求进行定制。这些策略不仅要考虑技术本身的优化，还要考虑将 OCR 技术有效地融入企业财务管理的具体流程中的方法。OCR 技术在智能化企业财务管理中的应用策略有以下几点。

（一）系统集成

OCR 技术在智能化企业财务管理中的一个关键应用策略是系统集成，这个策略的核心是将 OCR 技术与现有的财务软件和系统无缝地结合起来。这种集成为企业带来的变革是深远的，标志着从传统的分割式工作流程向一个更加自动化和高效的整体流程的转变。在详细探讨这一策略的具体内容和影响之前，人们需要理解系统集成如此重要的原因。

在传统的企业财务管理模式中，数据处理往往是一个分散和独立的过程。比如，财务人才可能需要从纸质发票中手动提取数据，然后再将这些数据输入会计软件或企业资源规划系统中。而人们将 OCR 技术与这些系统集成后，整个数据处理流程可以被自动化，大幅提升工作效率和数据准确性。当财务文档如发票和收据被扫描后，OCR 技术可以自动识别文档中的关键信息，如供应商名称、金额和日期，并将这些信息直接导入会计软件或企业资源规划系统中。这样的自动化处理不仅减少了人工录入的错误，还节约了大量处理时间。系统集成还带来了数据即时更新和实时分析的可能性，使财务决策更加快速和准确。

在实施系统集成策略时，企业需要考虑的关键因素包括软件和硬件的兼容性、数据的安全性，以及用户的易用性。兼容性是基础。确保 OCR 系统能够与不同类型的财务软件和企业资源规划系统无缝对接是至关重要的。这可能需要开发特定的接口或使用中间件来连接不同的系统。数据安全性是另一个重要考虑因素。在自动导入过程中，企业需要确保

敏感的财务信息得到充分保护。用户的易用性也不容忽视。系统集成应该是透明的，用户不应该为此承担额外的技术负担。

通过将 OCR 技术与财务软件和系统集成，企业能够实现更高级别的自动化，有效地提升企业财务管理的整体效率和准确性。这不仅是技术上的创新，更是企业管理方式的一次革新。随着技术的发展，这种集成的深度和广度都有望进一步增强，为智能化企业财务管理带来更多可能性。

（二）定制化模板和识别规则

这一策略的核心在于为不同类型的财务文档设计专门的识别模板和规则，从而提高 OCR 技术识别的准确性和效率。这种定制化处理对于包含复杂格式和专业术语的财务文档尤为重要，因为标准的 OCR 处理流程可能无法满足这些文档的特殊需求。

财务文档如发票、收据、合同等各具特点，在格式、布局和内容上都有所不同。例如，一张发票可能包含有特定的编号、日期格式、货币单位和税率信息，而合同可能包含复杂的条款和法律语言。因此，这些不同类型的文档需要开发具有特定识别逻辑和格式解析能力的定制化模板。

这种定制化的过程涉及对目标文档进行彻底的分析，以确定其结构和常见的数据字段。基于这些分析结果，人们要开发适应特定文档特征的 OCR 识别模板。例如，对于发票，模板将专门设计用来识别发票号码、日期、供应商名称和金额等字段。这些模板不仅需要识别这些字段的存在，还需要能够正确解析其特定格式。

除了定制化模板，为这些文档制订详细的识别规则同样重要。这些规则涉及处理文档中的特殊字符、分辨相似的数字和字母（例如"0"和"O"，"1"和"I"）以及处理文档中的异常或不规则情况的方法。例如，如果发票的某个部分因污迹或皱褶而变得模糊不清，相应的规则需要能

智能技术赋能企业财务管理转型实践

够指导 OCR 系统处理这种情况，以避免识别错误。

实施定制化模板和识别规则的另一个重要考虑是保持灵活性和可扩展性。随着业务的发展，新的文档类型可能会出现，或者现有文档的格式可能会发生变化。因此，模板和规则需要能够容易地进行调整和更新。通过精心设计和持续优化这些模板和规则，企业可以确保 OCR 系统能够有效地处理各种财务文档，从而为智能化企业财务管理贡献力量。

（三）增强数据验证和错误校正机制

在企业财务管理工作中，数据的准确性至关重要，因为即便是微小的错误也可能导致严重的财务后果。因此，增强数据验证和错误校正机制、确保通过 OCR 技术提取的数据尽可能准确显得尤为重要。

增强数据验证机制意味着在 OCR 技术处理流程中增加额外的步骤，以确保提取的数据与原始文档完全一致。这通常涉及使用高级的算法对 OCR 技术识别结果进行交叉检验。例如，系统可以通过比对不同部分的数据来检测潜在的不一致性，如将发票上的总金额与各个项目的金额合计进行对比，以确保这些数字的逻辑一致性。

错误校正机制的实施是这一策略的另一个重要方面，即使用智能技术来识别和纠正 OCR 过程中可能出现的错误。这些技术可以帮助系统学习并识别常见的错误模式，从而在识别出潜在错误时能够自动提出更正建议。例如，如果系统经常将某个特定字体的数字"5"误识别为"6"，则人们可以通过机器学习对系统进行训练，以提高系统在这种情况下的识别准确性。

为了增强数据验证和错误校正机制，企业还需要考虑用户干预的作用。在一些复杂或不明确的情况下，自动化系统可能无法做出准确判断，这时用户的介入就变得至关重要。用户可以对系统提出的更正建议进行最终确认或提供更正指令，这些用户干预的数据随后可以被用于进一步训练和完善系统，使其在未来能够更准确地处理类似情况。

以上过程不是一次性的任务，而是一个持续的过程。随着财务规则和流程的变化，以及企业处理的文档种类和数量的增加，这些机制需要不断地进行调整和优化。这可能涉及定期更新机器学习模型、改进数据处理算法和扩展验证规则集，以适应不断变化的需求。

（四）持续更新和维护

随着时间的推移和技术的不断进步，OCR技术需要不断地适应新的挑战，以保持其准确性和效率。在企业财务管理领域，这意味着系统需要能够处理各种不断变化的财务文档格式，适应新的财务规则，以及利用最新的技术改进来提高性能。因此，OCR技术在智能化企业财务管理中的应用要注意持续更新和维护。

更新和维护OCR系统的过程涉及软件的升级和格式的更新。一方面，软件升级要求企业持续关注OCR技术的最新发展情况。智能技术的加持会使OCR系统的识别算法变得更加精确和快速，帮助系统更好地处理复杂的文档格式，提高对不同字体和手写文本的识别能力。因此，定期将智能技术进步整合到OCR系统中，是保持系统竞争力的关键。另一方面，由于企业业务的发展和变化，财务文档的类型和格式可能也会发生变化。这就要求OCR系统能够灵活应对。例如，如果企业开始引入新的收据格式，或者开始与使用不同格式文档的国际供应商合作，OCR系统就需要相应地进行更新，以确保能够有效处理这些新格式的文档。

更新和维护OCR系统还涉及不断优化用户体验。这包括改进用户界面，使其更加直观易用，以及优化系统的性能，如提高处理速度和减少系统故障。这些改进可以增强用户的满意度，提高工作效率。系统的安全性和合规性也是更新和维护的重要方面。随着数据保护法规的不断变化，确保OCR系统符合最新的法规要求至关重要。随着网络安全威胁的增加，加强系统的安全措施，如数据加密和访问控制，也是必不可少的。

第四节　电子影像档案系统

一、电子影像档案系统相关介绍

（一）电子影像技术

电子影像是指通过电子设备捕获、存储、处理和展示的图像信息。这一技术涵盖了从图像的电子捕获，如扫描和摄影，到图像的数字化处理和存储，再到图像的展示和共享。电子影像技术的发展标志着信息处理和传播方式的一次重大转变，从传统的纸质文档和模拟图像向数字化、电子化方向迈进。

电子影像技术将可视信息转换为电子信号，从而使这些信息可以通过电子设备进行处理和传输。这一过程通常开始于图像的电子捕获，例如，使用数字相机拍摄照片或使用扫描仪将纸质文档转换为数字图像。在这一阶段，图像被转换成数字信号，即一系列的数字化数据，这些数据可以被电脑系统存储和处理。接下来是图像处理。这一过程涉及使用软件工具对捕获的图像进行编辑，如调整亮度和对比度、裁剪和旋转图像，以及应用各种图像增强算法。在更高级的应用中，图像处理还可能包括复杂的操作，如图像识别、模式分析和图像复原等。

除了图像的处理，图像存储和归档也是电子影像技术的重要领域。随着数字化技术的发展，越来越多的图像被以数字格式存储在各种电子媒介上，如硬盘、光盘和云存储服务。这种数字化存储不仅节省了物理空间，还有效提高了图像检索的效率和准确性。数字化的图像可以通过网络进行快速共享和传播，这在各个领域都有广泛的应用，如社交媒体、远程教育和电子商务。

电子影像技术作为信息时代的一个重要产物，不仅改变了人们获取、处理和共享视觉信息的方式，也为各个领域的发展提供了强大的工具和可能性。从简单的图像捕获到复杂的图像分析，电子影像技术正成为人们日常生活和工作中不可或缺的一部分。随着技术的不断发展和完善，预计未来电子影像技术将在更多领域展现其巨大的潜力和价值。

（二）电子档案系统

电子档案系统是一个专门用于管理和存储电子档案的信息系统，主要用于处理和保存法人、其他组织和个人在公务活动中形成的数字形态记录。这些记录通常是以数字形式存在的，包括文本、图像、声频、视频等多种媒介格式的文件。电子档案系统的核心功能是实现对这些电子文件的高效管理和长期保存，以支持信息的检索、利用和保护。

电子档案系统的设计基于对电子文件的特性的深入理解。与传统的纸质档案相比，电子档案具有易于复制、传播和修改的特点，也面临着数据丢失、文件损坏和技术过时等风险。因此，电子档案系统不仅需要提供存储空间，还需要提供一系列的功能来确保档案的安全性、稳定性和可访问性。

电子档案系统通常包括档案的采集、处理、存储、检索和利用等多个环节。在采集环节，电子档案系统需要能够接收和处理各种格式的电子档案。在处理环节，电子档案系统可能需要对电子档案进行分类、索引和元数据的添加。存储环节涉及对电子档案进行长期保存，这需要电子档案系统具备高效且可靠的存储能力。在检索环节，电子档案系统应提供强大的搜索功能，使用户能够根据不同的检索条件快速找到所需的档案。在利用环节，电子档案系统应支持企业对电子档案的访问和使用，同时确保其安全性和合规性。

电子档案系统的应用广泛，涵盖政府机构、企业和学术组织等各个领域。在政府部门，电子档案系统用于管理公共记录和政府文件。在企业中，电子档案系统用于存储业务记录、合同文档和财务报表。在学术领域，电子档案系统用于保存研究数据和学术出版物。

（三）电子影像档案系统

电子影像档案系统实质上是电子影像技术和电子档案系统两者的融合与升华，代表了现代信息技术在档案管理领域的一次重大进步。这一系统综合了电子影像技术的图像捕获和处理能力与电子档案系统的存储、管理和检索功能，旨在提供一个全面、高效的解决方案，以应对日益增长的数字化档案管理需求。

在本质上，电子影像档案系统是一个用于管理通过电子影像技术捕获的图像文件的信息系统。这些图像文件可能是文档、照片、图表等格式的电子档案，被数字化存储并可供检索和利用。系统的核心功能包括对这些电子影像档案的有效归类、存储、保护、检索和展示。

电子影像档案系统主要具备三项功能。一是图像捕获与数字化转换功能。电子影像档案系统能够将纸质文档、照片或其他可视材料通过扫描设备转换成电子格式。这个过程不仅包括基本的数字化转换，还涉及图像质量的优化，如清晰度调整和颜色校正。二是高效的文件管理与存储功能一旦文档被转换成电子格式，电子影像档案系统就会对这些文件进行管理和存储。这包括对文件进行分类、索引和归档，使其易于检索和访问。电子影像档案系统还会确保这些文件的安全存储，防止数据丢失或损坏。三是高级的搜索与检索功能。电子影像档案系统提供高级的搜索功能，允许用户根据各种标准（如日期、关键词、作者）快速检索档案。这一功能对于处理大量档案的组织尤为重要，可以大幅减少寻找特定文件所需的时间。

相比于传统的纸质档案管理，电子影像档案系统提供了显著的优势。数字化的档案易于复制、共享和传输，有效提高了信息流通的效率。与物理存储相比，电子存储能够节约大量的空间，并减少纸质文档长期存储的成本。电子档案的检索和访问比传统档案更便捷和快速。

随着技术的不断进步，电子影像档案系统将继续发展和完善。电子影像档案系统未来可能会整合更多先进技术，以提高图像识别的准确性和搜索算法的智能度。随着云计算技术的普及，电子影像档案系统也可能越来越多地采用云存储解决方案，以提供更灵活和可扩展的存储空间。

二、企业财务档案管理的必要性

企业财务档案管理的必要性在于其对企业的整体运营和战略决策具有深远的影响。准确且高效的财务档案管理对于企业的健康发展至关重要，具体体现在以下几个方面，如图 3-5 所示。

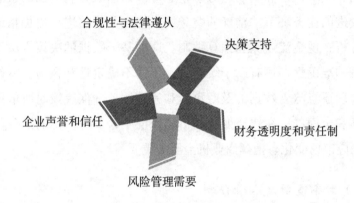

图 3-5 企业财务档案管理的必要性

（一）合规性与法律遵从

财务档案的妥善管理是每个企业在运营中必须遵守的基本要求，这不仅是为了保证企业内部管理的有效性，也是为了满足外部监管和合规的需要。国家也有明确的法规和标准来规定企业管理其财务档案的要求。这些法规和标准涉及档案的保存期限、格式、存储方式，以及访问权限等多个方面。对于任何企业而言，遵守财务法规和标准不仅是法律要求，更是企业社会责任的体现。

随着数字化时代的到来，越来越多的企业采用电子化财务系统来管理其财务档案。这要求企业不仅要处理传统的纸质档案，还要管理电子形式的记录。电子档案管理涉及数据安全和隐私保护的问题，因此企业需要确保其电子档案系统符合相关的数据保护法规。

（二）决策支持

财务档案作为企业历史财务数据的集合，为企业的战略决策提供了坚实的基础。管理层和决策者依赖准确和详细的财务记录来分析企业的财务状况、评估业务表现和规划未来的发展方向。例如，通过分析历史销售数据、成本记录和利润趋势，企业可以识别最有利可图的市场领域或需要改进的业务环节。精确的财务档案使企业能够进行更加精细的财务比率分析、现金流预测和预算编制。这种基于数据的决策方法不仅提高了决策的准确性，还有助于缓解管理层的不确定性和风险。良好的财务档案管理还意味着数据的及时更新和完整性，确保决策时所依据的信息是最新和全面的。在快速变化的市场环境中，及时准确的财务信息对于快速响应市场变化、把握商业机会至关重要。

（三）财务透明度和责任制

透明的财务记录不仅让内部管理层对企业的财务状况有清晰的认识，也让外部利益相关者如股东、投资者和监管机构能够对企业的财务状况进行评估。透明的财务报告可以增加投资者的信心，从而有助于吸引更多的投资。透明度也是企业对外沟通的关键，有效的财务档案管理确保公开信息的准确性和及时性，增强公众对企业的信任。

财务透明度还与内部的责任制紧密相关。清晰的财务档案记录可以追踪到具体的部门和个人，使每一笔财务活动都可以被负责。这种责任追踪机制有助于防止欺诈和错误，确保财务活动的正当性。

（四）风险管理需要

在现代企业运营中，风险管理是不可忽视的一个方面。财务档案管理在风险管理中扮演着重要角色。通过对历史财务数据的分析，企业可以识别潜在的风险和趋势，从而采取预防措施。例如，通过分析收入和支出的历史记录，企业可以识别出现金流量短缺的模式，并在未来采取措施以避免类似情况的发生。财务档案中的数据还可以用于进行信用风险评估，帮助企业在做出信贷决策时更加谨慎。准确的财务记录同样对于内部控制机制的建立至关重要，使企业能够监控和管理财务活动，及时发现和纠正任何异常行为，从而减少欺诈和滥用的风险。例如，通过跟踪和审核财务报告和交易记录，企业可以及时发现内部控制的缺陷或不规范的财务操作，并采取措施加以改进。这种主动的风险管理策略不仅保护企业免受财务损失，也维护了企业的市场声誉和投资者的信心。

（五）企业声誉和信任

在透明度日益受到重视的商业环境中，能够提供准确和及时的财务信息的企业更容易获得合作伙伴的信赖。规范的财务报告和清晰的财务记录展示了企业的专业性和可靠性，这对于在竞争激烈的市场中建立品牌优势是至关重要的。

在危机管理中，财务档案管理也显得十分必要。在面临财务问题或市场疑虑时，准确和透明的财务记录可以帮助企业更有效的沟通和解释情况，减少市场的不确定性和负面影响。

三、电子影像档案系统在企业财务档案管理中的应用

电子影像档案系统在企业财务档案管理中的应用标志着财务信息管理从传统纸质方式向高效数字化转型的重要一步，这也是智能化转型的前期阶段。这种转型不仅优化了档案的存储和处理方式，还提升了数据的安全性、可访问性。

（一）档案类型和属性管理的深化

电子影像档案系统为企业提供了高度定制化的档案类型管理能力。在企业财务管理的背景下，这意味着企业能够根据自身的特定需求和国家标准，灵活定义不同财务档案的类别，例如发票、合同、报表等。这种定制化不仅局限档案的基本分类，还扩展到了档案的属性管理。每个档案类别可以拥有其独特的属性集合，这些属性既包括系统预设的标准属性，如创建日期、文档类型，也包括用户根据具体需求自定义的附加属性，如关联项目、成本中心等。这种灵活的属性定义和管理机制为企业提供了极大的便利，使不同类型的财务档案（如实物档案和电子凭证）都能得到有效管理，并且易于按需检索和分析。

（二）档案信息采集与归档编辑的优化

电子影像档案系统在档案信息采集方面提供了多元化的选择，能够满足不同企业财务管理场景的需求。电子影像档案系统支持从基本的手动数据录入到高效的批量导入，甚至通过扫描具有数字化转换纸质档案的能力。这意味着无论是日常的财务交易记录还是历史档案的电子化，企业都可以通过电子影像档案系统高效完成。特别是在处理大量财务记录时，如批量导入账单或自动上传数字化的发票，电子影像档案系统显著提高了工作效率并减少了人为错误。归档编辑功能进一步提高了电子影像档案系统的灵活性和效率，允许用户在单一界面上完成从文件到档案的整个处理流程，包括录入、扫描文件引入、电子文件整合等。不同用户根据授权的权限，在不同的分类中分散或集中进行档案整理工作，这种模式的灵活性使企业能够根据管理需求和资源配置，选择最适合的档案整理方式。

（三）权限管理与档案借阅申请

电子影像档案系统中的权限管理功能对于确保财务信息的安全性至

关重要。电子影像档案系统通过精细化的权限控制，确保只有授权用户才能访问特定的财务信息。这在保护敏感财务数据和遵守数据隐私法规方面发挥着关键作用。例如，不同级别的管理人员可能对财务报告的访问权限有所不同，电子影像档案系统可以精确地控制每个用户的访问范围。档案借阅申请功能则提供了一种安全的方式，让用户在需要查看但无直接访问权限的档案时，能够向管理员申请特定权限。这种机制不仅增加了档案利用的灵活性，也加强了企业对档案访问的监控和记录。

（四）档案利用统计与检索功能的优化

电子影像档案系统中的档案利用统计功能为企业提供了宝贵的信息。管理者可以通过电子影像档案系统了解财务文档被访问的频率。这些信息对于优化资源分配、指导未来的档案管理策略，甚至进行内部审计和合规性检查都极为重要。例如，频繁访问的财务报告可能表明对特定业务领域的高关注度或潜在问题。而强大的档案检索功能则确保用户能够迅速地定位和访问所需的财务信息。电子影像档案系统支持关键字搜索、组合条件搜索和全文搜索，极大地提高了检索的效率和准确性。财务部门能够快速找到特定的交易记录、合同条款或历史报表对于日常运营和决策支持是至关重要的。

（五）过期档案管理

根据国家法规和行业规章，不同类型的财务档案有其特定的保管期限。电子影像档案系统能够自动识别并处理超过保管期限的档案，这对于遵守相关法规和最大化存储空间的利用极为重要。例如，超过法定保管期限的纸质发票和合同可以被安全销毁，而电子档案则可以根据需要注销或转移。这种机制不仅帮助企业节省了存储空间和管理成本，还确保了档案管理的合规性和时效性。

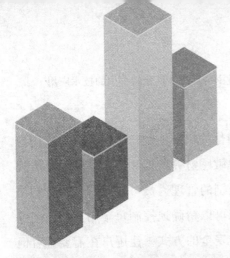

第四章　基于财务共享服务模式的企业财务管理智能化

　　在探索企业财务管理的智能化转型过程中，财务共享服务模式显现其独特的魅力与重要性。作为一种革新性的企业财务管理策略，财务共享服务模式不仅重塑了传统的财务操作流程，也在促进企业管理效率和效益上发挥了关键作用。随着科技的进步，特别是智能技术的快速发展，财务共享服务模式已经从其原始的概念演变成为一个更复杂和动态的体系。在这一背景下，财务共享服务模式与企业财务管理智能化转型的紧密联系就有了研究价值。本章介绍了财务共享服务概述、财务共享服务中心的规划与设计，以及智能技术赋能无人财务共享服务模式创新。特别值得关注的是，随着智能技术的赋能，无人财务共享服务模式已成为一种新兴趋势。这种模式不仅改变了传统的企业财务管理方式，还为企业带来了前所未有的效率和价值。

第一节　财务共享服务概述

一、财务共享服务理念

（一）共享服务理念

共享服务理念的兴起主要是因为人们对企业内部流程和资源管理的深刻反思。在 20 世纪下半叶，随着全球化竞争的加剧和信息技术的快速发展，企业开始认识想要在激烈的市场竞争中获得优势，必须重新审视和优化其内部运作机制。企业内部有很多非核心功能，如财务、人力资源、信息技术支持等，虽然对日常运营至关重要，但并非直接产生收入的核心功能。这些功能在传统管理模式下通常分散在各个部门，导致资源利用效率低下和管理成本升高。

在这种背景下，共享服务这种创新的管理理念应运而生，这种理念提出要将这些非核心功能集中到一个独立的业务单元中，实现服务的标准化和流程的优化。这种集中化的处理方式，不仅减少了业务流程中的重复工作，还有助于企业集中专业能力，提升服务质量。更重要的是，共享服务模式通过推动企业内部流程的标准化和自动化，加速了企业对新技术的应用。信息技术的运用，尤其是在数据处理和通信方面的创新，为共享服务的实施提供了强大的技术支持，既提升了操作效率和数据准确性，又为企业管理决策提供了更有效的信息支持系统。

从战略角度来看，共享服务模式使企业能够更专注于其核心竞争力的培养和市场策略的执行。通过将非核心业务外包或集中管理，企业可以将更多资源和精力投入核心业务的创新和市场竞争，提高对市场变化的适应能力和响应速度。

共享服务理念的出现标志着企业管理模式的一次重大转变。共享服务理念重新定义了资源配置和流程管理的方式，还为企业的长远发展和市场竞争力的提升提供了新的路径。

（二）财务共享理念

20世纪80年代，当时美国福特汽车公司率先成立了全球首家共享服务中心，这一创新举措开启了企业管理模式的新篇章。随着互联网技术和计算机技术的迅猛发展，共享服务理念逐渐成为企业组织重构的重要组成部分，并开始逐渐向更具体的业务领域扩展，其中最为突出的便是财务领域。财务共享理念在此背景下诞生，其是指将企业内部重复性高、与非关键业务相关的财务职能和程序集中到一个本地或远程的服务中心进行集中处理。

财务共享理念的实施，是企业从传统的分散式企业财务管理向集中式、高效率、低成本的企业财务管理模式转变的重要标志。在实践层面上，财务共享理念通过建立财务共享服务中心，将企业集团中分散于不同部门的财务资源和流程集中起来。这样能为企业集团内部各组织提供成本更低、质量更高的财务服务。例如，在传统的企业财务管理中，各个业务单元可能都有自己的财务团队，执行相似的会计和财务报告任务。而在财务共享理念下，这些任务被集中到一个独立单元中，由专业团队统一处理，从而提高效率和质量。

财务共享理念的实质在于通过流程再造将分散的业务进行整合。这不仅有助于优化企业资源配置，还能充分发挥企业的规模经济优势。在此基础上，通过引入新的信息平台系统和管理变革，财务共享服务中心可以更有效地处理财务数据，提供更加深入的财务分析，从而支持企业的长期经营策略。

在组织结构上，财务共享服务中心作为一个独立的个体，同时与企业集团保持统一性。这种独立运行的部门能够为企业集团内部的其他业务单位提供统一的后台财务服务。企业集团内的业务单位不需要设立自己的后台财务部门，而可以从财务共享服务中心获得统一的服务支持。

二、财务共享服务中心的发展历程

财务共享服务中心的发展历程是企业财务共享服务理念革新的一个缩影，反映了企业利用技术的发展来提升企业财务管理效率和效能的方法。财务共享服务中心经历了以下四个发展阶段，如图 4-1 所示。

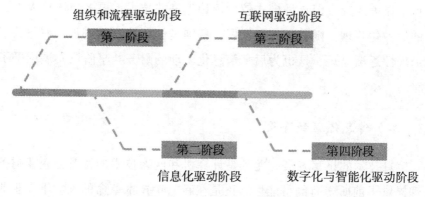

图 4-1　财务共享服务中心的发展历程

（一）组织和流程驱动阶段

组织和流程驱动阶段的财务共享服务中心起到了开创性的作用，为后续的发展奠定了基础。在这一阶段，企业着重通过人员集中式作业来实现会计核算的集中化和标准化。这种方法的关键在于利用组织规模化效应。这种方法将分散在各个业务单位的财务人才和流程集中到一个单一的财务共享服务中心。这种集中不仅实现了财务操作的规模经济，还有助于标准化和优化核算流程。

在这一阶段的财务共享服务中心的实践中，企业主要关注重新设计和简化传统的财务流程。这包括对财务流程的精简、标准化会计操作的推广，以及优化报告流程。通过这些措施，企业能够显著提高工作效率，同时降低运营成本。例如，通过消除财务流程中的重复工作和不必要的步骤，企业可以更快地完成会计核算任务，减少错误率，提高数据的准确性。

该阶段的财务共享也强调人力资源的有效配置和利用。集中的工作模式使财务人才可以专注其核心职责，而非在多个业务单位之间分散精力。这种工作方式的改变，不仅提高了员工的工作满意度，还促进了团队之间的协作。

虽然组织和流程驱动阶段的财务共享在优化企业财务管理流程方面取得了显著成效，但这种模式较少依赖先进的技术，更多地依赖人力资源的集中化管理。随着技术的发展，特别是信息技术的进步，财务共享的局限性逐渐显现，这也为后来信息化驱动的财务共享阶段发展铺平了道路。

（二）信息化驱动阶段

信息技术的迅猛发展，尤其是计算机和网络技术的普及为企业财务管理提供了前所未有的可能性。正是在新一轮技术革命的推动下，企业开始从传统的人力密集型企业财务管理模式转向更高效、更自动的信息化企业财务管理模式。于是，财务共享服务中心进入信息化驱动阶段。

信息化驱动阶段最显著的特点是业务系统的线上化，也就是将传统的纸质记录和手工操作转化为电子数据处理和在线操作。这种转变极大地提升了财务处理的效率，降低了人为错误的可能性，增强了数据处理的灵活性。在这一阶段，企业开始大量采用影像和文档电子化技术，这不仅使财务数据的存储和检索更加便捷，还有效降低了对物理存储空间的需求。

企业资源规划系统的高度集成是信息化驱动阶段的另一大特征。在这一阶段，企业开始将财务共享服务中心与企业资源规划系统紧密结合，实现财务数据与其他业务数据的无缝对接。这种集成化的处理方式不仅提高了数据的一致性和准确性，还为企业提供了一个全面、实时的财务和业务数据视图，从而为管理决策提供了坚实的数据支持。

信息化驱动阶段的财务共享服务中心还特别强调了定制化的软件解

决方案的重要性。随着企业业务的日益复杂化，标准化的软件系统已无法满足所有企业的特定需求。因此，定制化软件系统成为企业信息化进程中的一个重要工具。通过定制开发，企业能够根据自身的具体需求和业务特点，开发出更加符合自身运营特性的软件功能，从而提升企业财务管理的效率和准确性。这一阶段的成功实践为后续的互联网驱动阶段和数字化与智能化驱动阶段的发展奠定了坚实的基础。通过不断的技术革新和应用，财务共享服务中心逐渐成为企业高效、智能管理的重要支撑点，为企业在激烈的市场竞争中保持竞争力提供了有力保障。

（三）互联网驱动阶段

随着信息化驱动阶段的成熟，财务共享服务中心迎来了互联网驱动阶段，这一阶段的到来标志着企业财务管理在互联网浪潮下的深刻变革。在这一时期，互联网不仅作为一种技术工具，更成为推动企业财务创新和优化的关键动力。

这一阶段的财务共享服务中心的核心在于通过互联网技术的应用，构建起一个高度集成、全面互联的财务共享平台。这一平台不仅包括企业财务管理本身，还将业务、资金和税务管理整合在一起，实现了企业内部各个环节的紧密联系和协同工作。在这个平台上，财务数据和业务数据能够实现端到端的无缝对接，为企业提供了一个统一的、实时的信息视图。

互联网技术在这个阶段的应用，极大地提高了财务共享服务中心的透明性和灵活性。通过互联网平台，企业能够实现数据的即时共享和远程访问，这不仅提升了决策的速度和效率，还使企业能够更快速地响应市场变化和客户需求。例如，通过在线财务报告系统，管理层可以随时随地获取最新的财务数据，快速做出决策。

互联网驱动阶段也推动了内外部生态系统的互联和协同。企业开始重视与外部合作伙伴的数据共享和业务协同，例如供应商、客户和服务提供商。通过建立一个开放的、互联的网络，企业能够更有效地管理其供应链，优化库存，提升客户服务质量。财务共享服务中心成为企业内外部信息流通和协作的枢纽，为企业创造更大的价值和竞争优势。

（四）数字化与智能化驱动阶段

数字化与智能化驱动阶段的财务共享服务中心是一个以数据和智能技术为核心的全新阶段。人工智能和大数据技术在这一阶段得到了广泛应用。通过利用机器学习、自然语言处理等智能技术，财务共享服务中心能够自动化执行大量常规的财务任务，如数据录入、账目核对等。大数据分析技术的应用使人们从庞大的数据集中提取有价值信息成为可能，为企业管理提供了前所未有的便利。

在这个阶段，企业不再仅仅将财务共享服务中心视作简单的成本节约和效率提升的手段，而是提升到一个战略层面，利用先进的技术彻底改造财务和管理会计的工作方式。通过构建微服务化的中台架构，企业实现了技术和业务的深度融合。这种架构允许企业灵活地整合和管理各种服务和应用，从而既提高了效率，也保持了足够的灵活性和扩展性。微服务化的中台架构在处理大量分散的财务和业务数据时显得尤为有效，能够为企业提供更加精准和全面的数据分析。

管理会计和财务共享的深度融合是这一阶段的另一个重要特点。企业不再是将财务共享服务中心看作一个单独的、仅处理日常财务事务的部门，而是将其转变为一个能够提供深入业务洞察和决策支持的战略平台。这种融合意味着财务数据不仅用于编制传统的财务报表，还能够为企业的战略规划和业务决策提供数据支撑。

数字化与智能化驱动阶段的财务共享服务中心也被称为"无人财务共享"[①]，通过技术的应用，财务共享服务中心正在向自动化和智能化迈

---

① 　元年研究院《数智驱动下的财务共享模式创新》课题组. 数智驱动下的无人财务共享概念框架及应用场景研究［J］. 管理会计研究，2023（5）：10-21.

进。无人化不仅提高了财务处理的效率和准确性，还降低了人力成本和错误率，推动企业向更高效、更智能的未来迈进。

三、财务共享服务与企业财务管理智能化转型的关系

财务共享服务与企业财务管理的智能化转型之间存在着密切且复杂的关系，这种关系体现在多个层面。

如今，数据已经成为企业决策的关键支撑。财务共享服务在这一背景下，扮演着集中管理和优化财务数据的重要角色。通过将分散在各个部门或业务单元的财务数据集中处理，实现了数据的规范化、统一化和高效化管理。这种集中化的数据处理不仅提高了数据处理的效率，减少了重复工作和错误的可能性，还增强了数据的可靠性和一致性。更重要的是，集中处理的财务数据为企业提供了一个全面、准确的信息基础，从而使企业能够在复杂多变的市场环境中做出更加精准的战略决策。例如，通过对历史财务数据的分析，企业可以更好地理解自身的成本结构和盈利模式，从而在市场竞争中制订更有效的策略。准确的财务数据还支持日常管理活动，如预算控制、现金流量管理等，确保企业运营的高效性和稳定性。在这个过程中，财务共享服务成为企业智能化转型的数据基础，为企业的数据驱动决策提供了坚实的支撑。

财务共享服务在技术层面为企业财务管理的智能化转型提供了基础。随着信息技术、智能技术的快速发展，特别是在信息系统和自动化工具方面的进步，企业财务管理正经历着一场深刻的技术革命。财务共享服务中心通过引入和应用这些先进的技术，不断提升自身的服务能力和效率。例如，通过采用自动化会计软件和大数据分析工具，财务共享服务中心能够实现财务操作的自动化，减少手工输入的错误和耗时，提高财务报告的准确性和时效性。技术的应用还使财务数据分析更加深入和全面。通过对财务数据进行综合分析，企业能够洞察市场趋势、识别潜在的风险和机会，从而在竞争激烈的市场中保持优势。在这个过程中，财

务共享服务不仅是技术应用的载体，更是推动企业财务管理朝着智能化方向发展的关键因素。随着技术的不断进步，财务共享服务将继续在企业智能化转型中扮演着越来越重要的角色，推动企业财务管理的效率和质量不断提升。

财务共享服务在组织结构和人员配置方面为财务智能化转型提供了必要的组织基础。智能化转型不仅涉及技术层面的变革，更需要企业在组织架构和人员配置上进行根本性的调整。财务共享服务通过重新设计财务工作流程和提升任务的标准化程度，使财务人才能够从日常的烦琐工作中解放出来，专注于更加战略性和分析性的工作。比如，通过集中处理日常的会计记录、账目核对等工作，财务人才可以将更多的时间和精力投入财务分析、预算规划和风险管理等领域。这种转变不仅提高了财务工作的效率和质量，也为财务人才的职业发展提供了更多的可能性。在这个过程中，财务共享服务成为推动企业财务人才角色转变的重要力量，为财务智能化转型提供了必要的人力资源和组织支撑。随着企业对企业财务管理的要求越来越高，财务共享服务将继续在推动财务人才向更加战略性、分析性角色的转变中发挥着关键作用。

财务共享服务为企业财务智能化转型决策服务理念提供了基础。在数字经济时代，企业的外部环境变化快速，风险和机会并存，这使企业对财务的预测、控制和决策功能的需求日益增加。财务共享服务通过组织变革释放了更多的财务资源，使财务系统能够更好地践行服务理念。这种服务理念的转变体现在提升核算服务效率上，但这只是基础功能。更高级的服务是利用技术手段提供财务大数据服务。比如移动终端提供的数据报告不仅可以定制功能以匹配具体要求，还具有直观形象和界面友好等优点。这种报告形式已经成为实现数据服务功能的一个重要途径。在企业内部，员工对于参与企业整体绩效的关注日益增加，需要更加便捷有效的数据交流方式。移动终端实现的可视化数据服务很好地体现了财务的服务理念。这种服务理念的转变，使财务不再仅仅是账目核算和财务报告的生成者，更成为企业决策的重要支持者。通过财务共享服务提供的数据支撑和分析，企业能够在复杂多变的市场环境中做出更加准确和及时的决策。

第二节　财务共享服务中心的规划与设计

一、财务共享服务中心的规划要点

（一）整合与标准化流程

在财务共享服务中心的规划和设计中，整合和标准化财务流程是首要的步骤。这一过程涉及对现有财务流程的审视，识别和消除重复和低效的步骤，同时确保所有财务操作遵循统一和优化的标准。整合的目的是简化复杂的财务流程，减少手动干预，从而提高整体的处理效率和数据准确性。

在传统的企业环境中，财务流程往往因部门、地域或业务单元的不同而存在差异，整合与标准化流程的实施，意味着将分散在各个部门或业务单元的财务流程集中起来，形成统一的操作模式。这种统一化的做法使财务操作不再在不同部门之间重复进行，从而显著提高了整体的处理效率。例如，以前每个部门可能都有自己的账目处理方式，但在整合与标准化之后，所有部门都遵循相同的流程，从而减少了重复工作，提高了数据处理速度。

标准化的流程还能带来数据一致性和准确性的显著提升。当所有财务操作都遵循同一套标准流程时，数据输入的错误率有效减少，保证了财务信息的准确性和可靠性。这对于企业的财务报告和决策支持至关重要。准确、一致的数据不仅是企业内部决策的基础，也是对外投资者和利益相关者信心的关键。

整合与标准化流程的另一个重要效益是对成本的显著节约。通过减少重复工作和优化流程，企业能够更有效地利用资源，降低财务操作的总成本。标准化流程也为财务自动化提供了可能，进一步降低了长期的运营成本。这不仅是财务共享服务中心成功实施的关键，也是企业财务管理现代化和智能化转型的重要基础。

（二）技术驱动与自动化

技术驱动与自动化在财务共享服务中心的规划中至关重要，因为这为企业带来了根本性的工作方式转变，使财务部门能够超越传统的角色和限制，迈向更加战略性和创新性的未来。与整合与标准化流程相比，技术驱动与自动化的更聚焦通过先进技术的应用，重新定义财务共享服务中心的范畴和潜能的方法。

技术驱动与自动化使财务共享服务中心能够高效地处理大量的财务事务。在没有自动化的情况下，诸如账目处理、发票管理和财务报告等任务通常需要大量的手工操作，这不仅耗时而且容易出错。自动化技术的引入可以显著减轻这些工作负担，提高处理速度和精度，从而释放财务人才的时间，使他们能够关注更加战略性的工作，如财务分析和规划。

技术驱动与自动化在增强财务共享服务中心的灵活性和适应性方面发挥着关键作用。在快速变化的市场环境中，财务共享服务中心需要能够迅速适应新的业务需求和挑战。云计算和微服务架构等技术的应用，为财务共享服务中心提供了必要的技术基础，使其能够灵活地扩展或调整服务范围，快速集成新的业务流程和技术工具。通过构建基于云的协作平台和集成系统，财务共享服务中心能够实现与其他业务单元的无缝协作，这种跨部门的数据共享和协作不仅优化了内部流程，还加强了企业对外部变化的响应能力。

随着技术的不断发展，财务共享服务中心需要不断探索和应用新的技术解决方案，以保持其服务的先进性和竞争力。这种新的技术解决方案不仅包括引入新的自动化工具和分析软件，还包括探索如区块链这样的新兴技术在企业财务管理中的应用潜力。而这正是技术驱动与自动化的主要内容。做好这一点，财务共享服务中心将会把企业财务管理真正从幕后推至台前，转向更加战略性、创新性的方向发展。

（三）数据治理与安全

随着企业日益依赖技术进行企业财务管理和操作，数据安全成了一个不容忽视的问题。在设计财务共享服务中心时，确保数据治理和安全是至关重要的，因为这直接关系到企业的核心运营和管理安全。

在财务共享服务中心，处理和分析的数据不仅数量巨大，而且涉及企业的各个方面，包括财务数据、业务能力、市场趋势和员工信息。比如，财务数据中含有大量敏感信息，如利润和员工薪酬等。这些数据的管理和保护对于维持企业运营的连续性、确保财务报告的准确性和提供可靠的决策支持至关重要。若这些数据被未经授权的人员访问，或者在网络攻击中被窃取，可能导致错误的业务决策，严重损害企业的声誉和市场地位，甚至企业可能需负法律责任。更何况，现在世界各国都有相应的数据保护和隐私保护法规，企业必须确保其数据处理方式符合这些法规的要求，尤其是跨国企业。

良好的数据治理和安全实践对于维持企业内部和外部利益相关者的信任也至关重要。无论是内部员工、管理层，还是外部投资者和客户，都依赖财务共享服务中心提供的数据做出重要决策。若这些数据被误用或泄露，会严重破坏这种信任，影响企业的长期可持续发展。

（四）财务共享系统建设

财务共享服务中心是一个组织实体，其目的是将一个企业内部的财务和会计功能集中管理。然而，这些目的实现仅仅靠组织结构的调整是不够的。这就是财务共享服务中心的有效运作离不开一个专门设计的财务共享系统的原因。

财务共享系统不仅是一套软件或技术解决方案,更是财务共享服务中心的数字化基础。这个系统的作用在于实现财务流程的自动化、标准化和数字化,从而使财务共享服务中心能够高效地处理大量的财务事务,提供准确的财务报告,同时保证数据的安全性和合规性。这相当于为前面三个要点提供了一个实现平台。比如,财务共享系统为整合与标准化流程提供了平台,确保整个企业在系统中使用统一的数据标准和格式。财务共享系统也使技术驱动与自动化成为可能。在没有这种系统的情况下,即使财务职能集中了,手工处理大量事务的负担仍然存在。财务共享系统通过实施加密、访问控制和其他安全措施,帮助企业保护敏感财务数据不被未经授权的访问或泄露。这相当于为数据治理与安全提供了保障。

没有这样的系统,财务共享服务中心就无法实现其设计目的,也无法在提高效率、降低成本和支持战略决策方面发挥其潜在的作用。

二、财务共享系统设计策略

财务共享系统的设计要遵循以下策略,如图 4-2 所示。

图 4-2 财务共享系统设计策略

(一) 注重跨部门功能的整合

在财务共享系统的设计中,注重跨部门功能的整合十分关键,其核心在于打破传统财务功能与其他业务功能之间的壁垒，通过财务共享系统设计实现各部门间的无缝对接和信息共享，让财务共享系统能够处理和分析来自不同部门的数据，比如将人力资源部门的员工薪酬数据、供应链管理部门的采购成本数据与财务数据进行关联分析。这种深度整合可以帮助企业更准确地理解成本结构和运营效率，促进更加精准的财务规划和决策。跨部门功能整合的财务共享系统还能够促进各部门间的信息透明化和流程协调，从而提升整体的业务响应速度和灵活性。当财务数据与市场销售数据紧密结合时，企业可以更快地响应市场变化，调整销售策略和财务预算。

（二）客户中心的服务设计

财务共享系统的另一个设计策略是采用客户中心的思维。这种策略的关键在于将财务共享系统设计的焦点放在满足最终用户的需求和体验上，这是指内部员工和外部合作伙伴把财务共享系统打造成一个优质服务平台，致力提供高效、便捷和个性化的财务服务。

客户中心的服务设计的要点在于理解和预测不同用户群体的需求和行为模式。例如，对于内部员工，财务共享系统可能会提供简化的报销流程、实时的预算跟踪工具，或者个性化的财务报告。对于外部用户，如供应商或客户，财务共享系统可能会提供便于访问的账户管理界面、自动化的支付处理流程，或者详细的交易记录查询。

客户中心的服务设计还要强调交互性和响应性，具备强大的沟通和反馈机制，如集成的在线客服、自动回复系统，或用户反馈收集工具，以确保用户的问题能够得到快速和有效的解答。

（三）界面友好，使用便捷

对于财务共享系统而言，确保界面的友好性和使用的便捷性是至关重要的。这一点与前两点的不同之处在于，其更多关注的是用户与系统交互的直接体验，即财务共享系统的可用性和接口设计。在这一策略下，财务共享系统的设计需要确保即使是非技术背景的用户也能轻松地使用。这包括直观的用户界面设计、清晰的指示，以及简化的操作流程。例如，财务共享系统可能采用图形化的仪表板展示关键财务指标，使用易于理解的图标和菜单，以及提供步骤明确的向导来引导用户完成复杂的财务操作。

（四）灵活的信息技术基础架构

在设计财务共享系统时，采用灵活的信息技术基础架构是至关重要的，这直接影响着财务共享服务中心的效能、适应性和长期可持续性。一个灵活且可扩展的信息技术基础架构能够使财务共享系统快速响应各种变化，无论是市场需求的转变、新的业务策略，还是技术的进步。

企业的业务环境和策略需求不断演变，这要求财务共享系统能够灵活地调整其服务以适应这些变化。例如，企业可能会进入新的市场、推出新产品或服务，或者需要遵循新的法规和合规要求。灵活的信息技术基础架构允许财务共享系统快速调整其流程和服务，以支持这些新的业务需求，无须进行大规模的系统重构或长时间的中断。又或者，新技术出现之后，如云计算、大数据分析和人工智能，财务共享系统必须能够利用这些技术来提高服务质量和效率。灵活的信息技术基础架构允许财务共享服务中心轻松集成新技术和工具，不断优化和提升其服务能力。

随着企业的全球化，财务共享系统需要能够在不同的地理位置提供一致的服务，并与企业的其他部门紧密协作。灵活的信息技术基础架构使数据和资源可以在全球范围内共享，支持不同地区和部门的协同工作。

三、财务共享服务中心组建流程

（一）确立目标

组建财务共享服务中心需要从确立目标开始。这一阶段的关键在于理解企业的整体战略意图和企业财务管理需求。团队需要收集并分析企业当前的财务操作模式，识别其中的痛点和效率瓶颈。基于这些信息，团队可以制订一个具体的目标清单，比如降低运营成本、提高报告的准确性和时效性、优化资源分配等。团队制订一个实现这些目标的实施框架，涉及决定将被集中处理的财务功能，对现有流程的优化，以及预计达到的效果。团队形成一个项目时间和预算表，为财务共享服务中心的组建提供一个清晰的方向和计划。

（二）进行可行性分析

进行可行性分析是一个关键步骤，目的是确保项目在实际操作中的可行性。在这一阶段，团队需要对企业现有的财务资源、技术基础设施，以及人力资源进行全面的评估，分析现有财务流程的效率和效果，评估需要集中管理的财务功能。团队重点分析潜在的风险，包括技术上的挑战、员工接受度，以及可能的成本超支。通过成本效益分析，团队对比项目的潜在收益和预期投资，评估项目的经济效益。这一阶段团队还应该考虑涉及的法律和合规问题，确保项目规划符合所有相关法规和行业标准。

（三）项目规划和设计

项目规划和设计阶段是将策略转化为具体行动的关键步骤。这一阶段团队需要制订一个详细的项目实施计划，包括关键的里程碑、具体的任务分配，以及预期的完成时间表。这个计划应该涵盖从初期的系统设计和测试，到完全运行的所有阶段。团队需要设计财务共享服务中心的组织结构，明确团队职责和工作流程。这个阶段应建立一个项目管理团队。该团队负责监督项目的进展，确保各项任务按时完成，并处理项目实施过程中的任何问题。

（四）技术和系统选择

选择合适的技术和系统是实施财务共享服务中心的核心部分。这需要团队根据企业具体需求和预算，选择适合的企业财务管理软件和其他技术工具，还考虑系统的可扩展性、兼容性，以及用户友好性。在这个阶段，团队应当与不同供应商进行沟通，对比他们的产品特点、技术支持和服务条款。选定系统后，团队应进行系统的配置和定制，以确保能够满足企业特定的企业财务管理需求。在系统实际投入运营之前，团队必须经过常规测试，确保系统的稳定性和性能达到预期标准。

（五）流程重构

流程重构是为了优化企业财务管理流程，提高整体的工作效率。这一步骤涉及对现有财务流程的分析，识别其中的冗余环节。基于这些分析，团队重新设计财务流程，确保更加简洁、高效，并能够与财务共享服务中心无缝对接。例如，团队可以简化审批流程、自动化常规事务处理，或重新设计数据录入和报告制作流程。这个阶段的关键在于确保新的流程不仅能够提高效率，而且便于员工理解和执行。

（六）人员管理和培训

在财务共享服务中心的建立过程中，人员管理和培训是非常关键的一环。团队需要根据新的组织结构和工作流程，进行人员配置，包括招聘新员工和调整现有员工的职责。团队应对所有受影响的员工进行全面的培训，确保他们了解新的流程、系统操作方法，以及任何新的工作要求。培训内容应包括对新系统的使用指导、改变后的流程介绍，以及相关的最佳实践。团队还应提供持续的支持和辅导，帮助员工顺利过渡到新的工作模式。

（七）实施和过渡

实施和过渡阶段通常采用分阶段实施的方式，逐步推广新的系统和流程。开始时，团队可以在一个小范围内试运行，比如在一个部门或业务单元进行初步实施，然后在此基础上逐步扩展，直至覆盖整个企业。在整个过程中，团队应保持与员工的沟通，确保他们对变化的理解和适应。团队还应收集员工的反馈，并根据员工的反馈对系统和流程进行必要的调整。

（八）性能监控和优化

性能监控和优化是为了确保财务共享服务中心运行的效率和效果。团队应定期对中心的运营进行评估，包括分析关键绩效指标、员工满意度，以及用户反馈。根据这些评估结果，团队可以对系统和流程进行持续的优化。这可能包括增强系统功能、调整工作流程，或提高服务质量。这样做的目的是确保财务共享服务中心能够持续满足企业的变化需求，并不断提升其性能。

（九）后期扩展和发展

随着财务共享服务中心初步稳定运行，企业需要考虑其长期发展。这包括扩大服务范围，比如增加更多的财务功能和服务，或将服务扩展到更多的地区和业务单元。企业考虑引入新技术，如利用大数据分析、人工智能优化财务决策。企业还应规划财务共享服务中心的长期战略发展，确保其能够支持企业的未来增长和变化。

第三节　智能技术赋能无人财务共享服务模式创新

一、无人财务共享服务模式介绍

在前边财务共享服务中心的发展历程过程中，数字化与智能化驱动阶段的财务共享服务也被称为"无人财务共享"，这就是当前在智能技术赋能下财务共享服务的创新模式。

无人财务共享服务模式结合了最新的技术进步，如大数据、区块链和人工智能，来重新定义财务共享服务的未来。这一模式预示着财务共享服务中心的一次重大转变，即从传统的、以人力为主导的操作模式转变为一个更加自动化、智能化的系统。

无人财务共享服务模式的重点在于利用先进的技术来实现业务和财务、管理会计和财务会计的高度融合。这意味着共享中心不仅能处理传统的财务事务，如账目处理和财务报告，而且还利用积累的海量业财数据来提供深入的业务洞察和决策支持。通过人工智能和其他智能应用，财务共享服务中心可以自动执行许多传统需要人工干预的任务，从而减少人力需求，提高效率和准确性。

在这一模式中，"无人"并不意味着完全没有人参与，而是指财务共享服务中心通过技术的应用达到流程效率的极致提升。这样，财务人才可以从繁重的日常核算工作中解放出来，更多地专注于提供价值创造性的服务，如战略规划、业务分析和风险管理。

无人财务共享服务模式的核心能力包括业财事务处理中心、数据赋能中心、多维报告中心和控制策略管控中心。这些核心能力使财务共享服务中心不仅能高效处理日常事务，还能提供复杂的数据分析、策略建议和全面的管理报告。这种模式的特点还包括组织柔性化、生态协同化、业财协同化、管财融合化、全面电子化、深度智能化和管理精益化。

这种模式的发展方向是构建一个财务共享服务中心，不仅在技术层面高度先进，而且在组织和运营管理方面极具灵活性和适应性。通过这种方式，财务共享服务不仅成为企业内部的效率提升者，更成为策略决策和业务创新的重要推动者。无人财务共享服务模式是对财务共享服务未来发展的一个前瞻性展望，强调技术的力量可以大幅提升财务服务的质量和效率，也为财务人才提供了从事更有价值工作的机会。

二、无人财务共享服务模式下企业财务管理的变化

无人财务共享服务模式下，企业财务管理发生了一些变化，如图 4-3 所示。

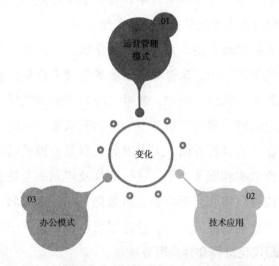

图 4-3 无人财务共享服务模式下企业财务管理的变化

（一）运营管理模式的变化

在无人财务共享服务模式下，企业财务管理的运营模式经历了显著的变革。这种变革不仅体现在技术的应用上，更深刻地影响了组织结构、管理方法和业务流程。

之前的财务共享服务中心，无论是单中心、多中心还是联邦模式，通常都是基于实体组织的运营管理模式。这种模式依赖物理集中的工作场所和面对面的管理。然而，随着智能化和自动化技术的发展，特别是

在大数据、人工智能等技术的推动下，无人财务共享服务模式开始显现。这一模式的核心在于通过技术实现财务运营的高效率和高质量，同时减少对物理集中和人力密集型操作的依赖。

在无人财务共享服务模式下，企业运营管理的重点从现场的人员管理转移到系统的应用、运营数据的监控，以及智能化和自动化的持续深入应用上。例如，财务共享服务中心可能通过共享作业平台实现跨地域的财务处理，这种平台允许来自不同地区的财务人才在虚拟环境中协同工作，处理财务事务。这样的平台不仅提高了工作效率，还降低了地理位置的限制，使财务人才能够更灵活地工作。

在组织和人员管理方面，无人财务共享服务模式要求企业建立一个更灵活和分散的组织结构。这意味着企业的管理重点从传统的现场监督转变为远程和数字化管理。例如，通过实时监控运营数据和关键绩效指标，管理层可以实时了解共享服务中心的运营状态，及时调整策略以保证服务质量。在运营分析方面，无人财务共享服务模式强调使用数字化方法来评估运营效率和服务水平。这可能涉及建立一个综合的数据分析平台，该平台能够收集和分析各种运营数据，如处理时间、错误率和客户满意度。基于这些数据的分析，管理层可以识别运营中的问题和改进机会，从而不断优化流程和提高服务质量。

（二）技术应用的变化

在无人财务共享服务模式下，技术应用的变化显著地影响了企业财务管理的面貌。新一代财务共享系统为无人财务共享打下了坚实的技术基础。这些系统不仅简化了传统的财务处理流程，还使财务共享服务中心能够快速响应业务需求，并落地创新的财务共享业务。例如，基于微服务的中台架构，这些系统强调轻量化和模块化的设计理念，使企业能够像搭积木一样构建和调整各个应用系统。当增加新的模块或功能时，这些系统不会影响其他模块的功能，从而满足了企业面对快速变化的业务需求。

在无人财务共享服务模式下，技术应用的变化还体现在从简单重复的业务处理转变为复杂的数据分析和决策支持。随着如人工智能、大数据、区块链等技术的不断进步，财务共享服务中心能够实现更高级别的自动化和智能化。这些技术不仅解决了无人财务共享中的技术瓶颈，如通过电子影像技术辅助远程分散作业处理、通过机器学习和人工智能技术进行高级的智能化分析。

低代码或无代码的平台在无人财务共享中扮演着重要角色。这类平台允许企业在不需要深厚编程知识的情况下快速构建财务共享应用，从而既满足了业务层面的复杂需求，又满足了信息技术部门对系统底层灵活性和可扩展性的要求。随着技术的不断革新，财务共享服务中心创新业务场景的挖掘也在不断深化。在自动化、智能化和数字化领域，技术应用将变得更加深入和广泛。

（三）办公模式的变化

在无人财务共享服务模式下，远程办公和移动办公成为新常态，财务共享服务中心的员工不再局限固定的办公地点，而是可以在任何有网络连接的地方进行工作。这种灵活性的提升对于提高员工的工作满意度和生产力至关重要。例如，员工可以在家中、咖啡馆或其他任何地方通过移动设备轻松地处理财务任务，如审批、查询和报告生成。这种模式不仅提高了工作效率，也使员工工作与个人生活的平衡更加容易实现。

还有增强现实／虚拟现实技术的应用也将极大地改善远程办公的体验。在传统的远程办公模式中，员工可能通过电话会议或视频会议进行沟通。有了增强现实／虚拟现实技术就不一样了，员工可以在虚拟空间中通过虚拟人像进行面对面的沟通和协作。例如，在进行重要的财务决策讨论时，分布在全球各地的员工可以在虚拟会议室中以虚拟化身的形式相聚、共享资料、讨论问题，并实时进行决策。这种沉浸式的互动不仅增强了团队协作，也提升了会议的效率。

设备智慧化的升级和人机协同办公的发展是无人财务共享服务模式下办公模式变化的另一关键方面。随着人工智能算力的提升，智能办公助手能够更有效地帮助员工完成复杂的流程化操作。例如，利用生物识别技术，如指纹识别、人脸识别或虹膜识别，员工可以快速而安全地登录财务共享系统。语音识别技术则使员工能够通过语音指令与系统进行互动，从而提高操作的便捷性和效率。

三、无人财务共享服务的实践场景

（一）业财融合场景

在无人财务共享服务中，业财融合场景代表着一种全新的工作模式，其中企业财务管理和业务管理通过现代技术的支持实现了有机的融合。这种融合不仅是财务共享服务实践的一个重要场景，也是当今企业追求效率提升和决策优化的关键路径。

业财融合的中心思想在于打破传统上业务和财务之间的壁垒，通过整合技术、数据和共享中心资源，实现业务流程和企业财务管理的无缝对接。在这一模式下，财务共享服务中心不再是单纯的后台账目处理中心，而是企业战略决策和业务运营的活跃参与者。通过智能技术如OCR、机器人流程自动化、语音识别和自然语义处理等技术的应用，财务共享服务中心能够自动化和智能化地处理各类业务流程，从而极大地提高效率和质量。

采购结算协同一体化是业财融合的一个重要应用场景。在这一场景中，从采购申请、寻源、下单到预算和支付，整个流程的每个环节都与财务紧密相关。在传统模式上，由于职责分工和流程管理上的隔离对接，采购和财务之间存在信息壁垒。数字化系统的引入有效推动了双方流程的融合。通过这一系统，采购信息能够实时传递给财务部门，反之亦然，财务部门的支付信息也能及时反馈给采购部门。这种实时的信息共享和流程对接有效加速了决策过程，提高了采购效率和财务处理的准确性。

全渠道销售结算对账是另一个典型的业财融合的应用场景。随着消费模式的多样化，企业需要在线上线下多渠道中维护一致的顾客体验和运营效率。这一需求催生了全渠道统一的订单管理平台的建立，以打通线上线下的业务壁垒。然而，财务处理在这一变化中面临挑战，尤其是在全渠道线上线下对账环节。为应对这一挑战，企业建立了财务全渠道对账平台。这种平台可以实现业务和财务数据的一体化管理。这种平台能够自动同步和处理大量业务数据，进行内外部业财数据的无缝整合，提高核算入账和收发货对账的自动化率，同时实时识别和追踪对账差异。此类平台还具备强大的规则配置功能，能够快速适应交易场景的变化，提高了对账的准确性。

无人财务共享服务的业财融合场景通过现代技术的应用，将企业的财务和业务流程紧密结合在一起。这种融合不仅提高了财务处理的效率和准确性，也为企业决策提供了更全面的数据支持，从而使企业能够更灵活地应对市场变化，提升竞争力。

（二）管财融合场景

在无人财务共享服务的实践中，管财融合场景体现了通过先进技术将财务会计和管理会计紧密结合的方法，借助对财务共享服务中心沉淀的海量数据进行分析，实现数据驱动下的高效管理和决策支持。这一场景基于管理会计指导下的财务共享、财务共享支撑上的管理会计理念，深化了财务共享服务中心的职责，转变了其工作流程，并充分发挥了数据的力量。

管财融合的第一个层面是智能经营核算。在这一层面上，财务共享服务中心利用同源分流的理念，基于统一的业务数据源头，同时实现管理核算和会计核算。通过这种方法，财务共享服务中心能够支持数据溯源和稽核，有效地输出管理报告和核算报告。这种无人化的核算和报告方法大幅提升了财务共享服务中心的效率和准确性。

管财融合的第二个层面是基于业财数据的智能报表的生成。财务共享服务中心通过对基础数据进行深入分析，提升其数据分析能力。这包括通过数据指标、业务台账，以及数据报表等手段，进行综合分析。在这一过程中，财务共享服务中心能够进行跨主体、纵向贯穿业财的对比分析，从而以更宏观的视角发现问题和管控风险。

管财融合的第三个层面是结合内外部数据进行智能数据分析。在这一层面上，管财融合不仅限于传统的报表分析，还包括对内外部数据的多维度深度分析。通过这种分析，财务共享服务中心能够实现业务预警和经营决策的无人化。例如，财务共享服务中心可以利用"数字员工"或"智能助手"进行决策分析，自动对比数据差异，并解释差异产生的原因。

管财融合的最后一个层面是基于业务需求构建的管理闭环。在这一层面上，财务共享服务中心通过智能数据分析技术发现问题，将解决问题的方法拆分成可追溯的任务进行跟进，并通过增强分析进行辅助决策。在这一过程中，财务共享服务中心既能解决特定问题，也能沉淀有效的解决方法，最终实现自动化经营决策。

（三）自动化工作场景

自动化工作场景的"自动化"就是"无人"的实质体现，代表利用先进的智能技术来提升财务流程的效率和精确性的手段。在这一场景中，智能审单助手、智能收单机器人，以及智能语音驱动的自助分析系统都是主要的工作实践。

智能审单助手通过对发票、附件和合同等相关财务信息进行结构化处理，使原本需要手动审核的过程变得自动化。利用先进的规则引擎，智能审单助手能够构建集团级的审核规则库，并根据不同角色和审核需求形成特定的审核事项。这些审核事项嵌入流程引擎中后，可以自动完成流程审批，实现业务审批和财务审核的无人化。当智能审单助手发现不符合规则的内容时，会自动将这些内容转为人工审核，并对错误事项进行精准定位，从而大幅提高审核效率和体验。

智能收单机器人的应用则进一步扩展了财务共享服务中心的自动化能力。在传统的财务服务共享中心中，收单或扫描岗位通常需要财务人才手动完成单据的收取和影像扫描，这一工作虽然简单但重复且耗时。通过智能收单机器人，这一过程变得完全自动化。员工在交单环节，可以通过扫码、刷卡、人脸识别等方式登录，在全程视频监控下完成单据投递、补单、退回等操作。这种智能设备的应用不仅提升了用户体验，而且实现了 24 小时全自助服务，完成全程无接触式报销，并且有效地防止了丢单、少单的情况，提高了档案管理效率。

智能语音驱动的自助分析系统是自动化工作场景中的另一个关键要素。在数据智能时代背景下，这种系统通过加载人工智能引擎，为用户提供与数据互动的新方式。例如，通过智能语音技术，用户可以与系统进行自然对话，提出问题并获得数据分析结果。这种交互方式不仅使非技术背景的普通员工也能轻松地洞察数据，还能激活沉淀在非结构化信息中的价值。这种集成式的多场景自动化工作场景极大地提升了财务流程的自动化水平，减少了人工干预的需要，也提高了工作流程的效率和准确性。

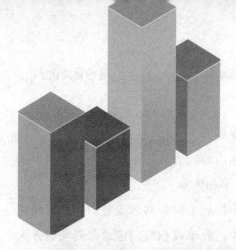

第五章　企业财务管理智能化转型的保障体系建设

在探索企业财务管理智能化转型的过程中，企业必须重视一个核心问题：如何构建一个坚实的保障体系来支撑这一变革？企业财务管理作为企业核心的一环，其智能化不仅是技术上的升级，更是组织结构、制度体系及人才培养等多方面综合性改革的体现。随着科技的不断进步，特别是人工智能、大数据等技术的深入应用，企业财务管理正面临着前所未有的挑战与机遇。

第一节　财务组织建设

一、财务组织结构调整

财务组织结构可以从以下几个方面进行调整，如图 5-1 所示。

图 5-1　财务组织结构调整

（一）扁平化管理

扁平化管理是指减少管理层级，构建更加紧凑和水平的组织结构。在这种结构中，管理层级较少，决策路径更短，员工和管理层之间的沟通更直接。扁平化的组织通常意味着每个管理者负责的员工数量更多，而员工则享有更高的自主权和更大的责任。这种结构的目的是提高组织的灵活性，同时提高内部沟通的效率。

智能化转型要求企业快速适应市场变化和技术创新，而扁平化管理正好满足了这一需求。扁平化管理减少了决策层级，这意味着决策可以更快地做出并执行，使企业能够迅速响应外部变化和内部创新需求。同时，扁平化结构促进了跨部门的沟通和协作，这对于智能化转型中的数据共享和知识交流至关重要。在扁平化管理下，信息流动更自由，创新思维和技术应用能够迅速在组织内部传播。扁平化管理间接提高了员工的参与度和自主性，有利于培养一种创新和自我驱动的企业文化，这对于适应和推动智能化转型至关重要。

要实现财务组织的扁平化管理，企业需要采取一系列的调整措施，比如减少管理层级、增强员工的自主权、改变领导风格等。企业需要审视现有的组织结构，确定不必要的或可以合并的管理层级。这可能意味着调整或合并某些部门，或者重新定义管理职位的角色和职责。在减少管理层级的同时，企业需要增强员工的自主权和责任感。这包括赋予员工更多的决策权，鼓励他们参与重要的业务和管理决策。扁平化管理要求管理者采取更加开放和协作的领导风格。这意味着管理者需要转变他们的角色，从传统的命令和控制模式转变为更多的支持、指导和赋能。

通过这些调整，财务组织不仅能够更加灵活地适应智能化转型的需要，还能够提升整体的工作效率和员工的参与感，从而为企业的长期发展和市场竞争力提供坚实的基础。

（二）灵活的团队配置

灵活的财务团队配置是指根据项目需求和业务特点，动态地调整团队结构和人员配置。这种配置方式强调根据工作内容的变化灵活组织团队成员，而不是固定地按传统部门划分。在这种模式下，团队成员可能会根据具体项目的需要而不断变化，成员之间的合作也更加紧密和高效。这种团队配置方式特别适用于应对复杂多变的业务环境和快速发展的技术变革。

在企业财务管理的智能化转型中，灵活的团队配置显得尤为重要。智能化转型涉及多方面的技术和业务知识，团队成员需要跨领域合作，共同解决问题。灵活的团队配置可以快速聚集不同领域的专家，共同推动项目进展。智能化转型是一个持续的过程，涉及不断的试验和调整。灵活的团队配置能够确保快速响应这些变化，有效地调配资源，以适应不断变化的需求，还有利于促进创新思维和知识共享，因为团队成员来自不同背景，能够带来更多元的观点和解决方案。

为了实现财务团队的灵活配置，企业需要采纳一系列综合措施，从而确保团队能够快速适应智能化转型的各种需求。核心的改变在于采用项目化工作模式。在这种模式下，工作不再是严格按照传统的部门职能分工来进行，而是根据项目的具体需求来组建团队。这样的安排意味着团队成员可以根据项目的具体需求和个人的专业技能进行灵活调整，使每个项目都能得到最适合的人员配置。例如，某个涉及数据分析的项目可能需要更多的数据分析师参与，而另一个项目则可能需要更多懂得财务规划的专家参与。

进一步地，为了应对更复杂和多元化的挑战，跨职能团队的构建变得尤为重要。在这样的团队中，来自不同背景的专业人士（如信息技术专家、数据分析师和财务人才）可以共同协作，共同解决问题。这种跨职能的合作模式不仅能带来更广泛的知识和技能，也能促进不同领域之间的思维碰撞和创新。例如，在面对一个涉及财务数据自动化处理的项目时，信息技术专家的技术能力和财务专家的专业知识就可以完美结合，共同推动项目的成功。

动态调整人员和资源是实现灵活团队配置的关键。这意味着企业需要有能力根据项目的进展和变化，及时调整团队的人员组成和资源分配。为了做到这一点，企业需要建立一套高效的人力资源管理和项目管理系统，以确保人员和资源可以在不同项目之间迅速且有效地流动。这样的系统不仅有助于追踪项目的进展，也使人员调配更加灵活和及时，确保每个项目都能获得所需的资源和专业技能。

通过以上措施，企业能够建立一个更加灵活和适应性强的财务团队，从而有效支持智能化转型的各项需求和挑战。这样的团队配置不仅提高了工作效率，也为企业带来了更广阔的创新空间和应对复杂问题的能力。

（三）专业化分工

专业化分工是指在财务组织内部，根据工作内容和员工技能，将任务和责任划分给具有相应专业知识和技能的人员。这种分工方式强调每个员工都专注其专业领域内的工作，从而提高整个组织的效率。在这个过程中，每个职位或角色都有明确的职责和专业要求，这样可以确保每个环节都由最合适的人来处理。

在企业财务管理的智能化转型过程中，专业化分工显得尤为重要。

智能化转型涉及一系列复杂的技术和业务流程，需要具有特定技能和知识的专业人员来处理。例如，数据分析、系统管理和风险控制等领域都需要相应的专家来担当。专业化分工确保了每个关键领域都有专家参与，从而提高了工作的质量和效率。随着企业财务管理越来越依赖技术解决方案，专业化分工有助于快速解决技术问题，支持新技术的有效实施和运用，还有助于提高决策的质量。当每个决策环节都由专业人员参与时，他们可以提供更深入、准确的分析和建议，帮助企业做出更加明智的决策。

要实现专业化分工，企业需要明确各个财务职能的专业要求和责任范围。这意味着企业需要对现有的财务职位进行重新评估和定义，确保每个职位都有明确的职责描述和所需技能。例如，企业可以将财务部门分为财务分析、预算管理、资金运作等不同的小组，每个小组负责特定的职能，然后根据专业化分工的需要对员工进行培训和发展。这可能包括提供专业技能培训、鼓励员工参加专业认证课程，以及提供职业发展的机会，让员工在其专业领域内不断成长。企业还应该在招聘策略上做出调整，吸引具有所需专业技能的人才。这意味着在招聘过程中，企业需要明确每个职位的技能和知识要求，并寻找符合这些要求的候选人。

（四）职能部门的重组

职能部门的重组是指在财务组织内重新调整和定义各个部门的职能和角色，以适应智能化转型的需求。这个过程涉及对现有财务职能如会计处理、财务报告、预算管理、风险控制等的重新评估，以及可能的新职能的引入，如数据分析和系统管理。重组的目标是确保每个部门都能在智能化的环境下高效运作，同时促进各部门间的协调和一体化。

企业财务管理的智能化转型不仅涉及技术的应用，更是一种业务流程和管理方式的根本改变。通过重组，企业能够确保每个财务部门都能有效地适应新技术，提高其工作效率和质量。例如，传统的会计处理部门可能需要转变为更关注数据分析和策略支持的角色，以适应智能化带来的数据驱动决策方式。重组还有助于打破传统的部门壁垒，促进不同职能部门之间的信息流通和协作。在智能化环境下，跨部门的协作变得尤为重要，因为不同的数据和见解需要在组织内自由流动，以支持更全面和精确的决策。

要进行职能部门的重组，企业需要进行全面的业务流程和职能分析，明确现有财务职能的优势和不足。这涉及对每个财务职能进行深入的审查，确定过时的职能，需要加强或重新定义的职能。然后企业根据智能化转型的需求，重新设计财务职能部门的结构。这可能包括创建新的部门，如数据分析部门，或者将传统的部门合并为更大的单元，以提高工作的协同效果。例如，企业将会计和财务报告部门合并为一个统一的财务信息管理部门。企业应持续监测和评估重组的效果，根据实际运作情况进行必要的调整。这包括定期收集反馈，评估重组对业务流程和决策质量的影响，以及必要时进行进一步的优化。

二、财务组织决策机制优化

（一）识别并消除决策瓶颈

在企业财务管理智能化转型的过程中，决策瓶颈的识别与消除对于提升整体效率和响应市场变化的速度至关重要。这些瓶颈可能表现为处理时间过长、信息流转不畅或决策层级复杂。要有效地识别这些瓶颈，企业需要对整个决策流程进行深入的分析和评估。这涉及对每个决策环节进行详细的审查，包括决策所需的时间、依赖的信息源，以及各个环节的效率。通过这种方式，企业可以准确地定位导致延误和效率低下的具体环节。

一旦确定了这些决策瓶颈，企业接下来的任务是实施有效的优化措施。这可能包括简化复杂的决策流程、优化信息流通机制，以及改进决策所依赖的信息技术系统。例如，通过减少不必要的审批环节、实现信息的快速共享和分析，以及制订针对常见决策类型的标准操作程序，企业可以显著提高决策的速度和质量。

为了长期有效地消除决策瓶颈，企业可能需要对整个决策流程进行重构。这意味着企业需要从根本上改变决策的方式，使其更加灵活。重构的关键在于确保信息畅通无阻，决策权能够下放到最接近问题的层面，同时保证决策过程的透明度和可追溯性。企业还可以采用多种方法，如实施敏捷决策框架、利用预测分析来提前识别问题，以及建立快速反应团队来处理紧急情况。

（二）建立数据驱动的决策体系

在企业财务管理智能化转型的背景下，建立一个数据驱动的决策体系对于财务组织保障建设至关重要。这样的体系可以有效地提升决策的准确性和效率，同时为企业在竞争激烈的市场环境中保持领先地位提供支持。

一方面，数据收集与管理是建立数据驱动决策体系的基础。在智能化的环境下，企业需要确保收集的数据既全面又准确，这包括财务数据、市场数据、客户行为数据等多方面的信息。为此，企业需要建立一个强大的数据管理系统，这个系统不仅要能够有效地收集和存储数据，还需要确保数据的质量和安全。

另一方面，数据分析与应用是数据驱动决策体系的核心。企业需要利用先进的数据分析工具和技术，如人工智能、大数据分析等，来深入挖掘数据中的洞察和模式。这些分析结果可以帮助企业更好地理解市场趋势、预测未来发展，并为各种财务决策提供有力支持。

数据驱动策略的实施则是将数据分析的结果转化为实际行动的过程。这要求企业在策略制订时，充分考虑数据分析所提供的信息，将其融入财务规划、预算制订、风险管理等各个方面。通过这种方式，企业可以确保其决策是建立在坚实的数据基础之上的。

为了充分发挥数据驱动决策体系的效力，企业还需要对决策流程进行简化。这意味着企业应减少不必要的层级和步骤，确保决策过程既高效又灵活。在智能化环境中，快速的决策流程可以帮助企业迅速响应市场变化，抓住时机。

（三）寻求外部决策助力

在企业财务管理智能化转型的背景下，寻求外部决策助力成为财务组织决策机制优化的一个关键环节。这个过程不仅涉及引入外部专业知识和经验，还包含了对内部决策框架的重塑和强化。在一个日益复杂和动态的商业环境中，内部资源和能力可能不足以应对所有挑战，特别是在涉及新兴技术和快速变化的市场趋势时。外部专家、咨询企业或科技企业可以提供关键的见解和专业知识，帮助财务组织更好地理解和利用智能化工具，从而做出更加精准和有效的决策。

外部专家能够为财务组织带来最新的行业趋势和最佳实践。随着技术的快速发展，保持最新的行业知识成为一个挑战。外部顾问和专家通常与多个客户和行业合作，因此他们能够提供跨行业的见解，帮助财务组织了解在其他企业和行业中有效的技术，以及将这些最佳实践应用于自身的方法。外部顾问和专家还可以提供关于市场动态、竞争对手行为、客户需求变化等宝贵信息，帮助财务团队更好地预测和应对未来的挑战。

引入外部助力还有助于加强决策的客观性和多元性。内部团队可能受到现有文化和习惯思维的限制，而外部专家可以带来新的视角和想法，挑战现有的假设和框架。他们的独立性和客观性有助于避免内部偏见，确保决策基于全面和客观的信息。多元化的观点和专业知识可以促进更全面和创新的思考，有助于识别和抓住新的机遇。

三、财务组织文化适应

财务组织的文化适应包含这四个方面，如图 5-2 所示。

理念更新与文化重塑

持续学习
与发展文化

技术融合
与文化适应

数据驱动文化的建立

图 5-2　财务组织文化适应

（一）理念更新与文化重塑

企业财务管理智能化转型要求财务组织改变他们的工具和流程，同时改变他们的思维方式和组织文化。在智能化的环境中，企业财务管理不再仅仅是关于数字和交易的处理，而是变成了一种深度分析、战略规划和业务洞察的过程。这种变化要求财务团队拥有更广泛的技能，包括数据分析、战略思考和跨部门协作。因此，更新管理理念和重塑组织文化成为实现这一转型的关键。

理念更新的核心在于认识智能化转型不是单纯的技术升级，而是一种全面的工作和管理方式的变革。这种变革要求管理层和财务团队重新思考他们的角色，这种变革使他们从传统的记录和报告的角色转变为提供深度洞察和战略建议的角色。为了实现这种角色的转变，组织需要建立一种新的文化环境，这种环境鼓励创新思维、持续学习和主动探索。在这样的文化中，财务团队被鼓励去探索新的数据分析工具，尝试新的工作方法，并将这些新方法应用于日常工作中。

文化重塑意在创建一个支持失败和尝试的环境。在这样的环境中，员工不害怕失败，他们被鼓励尝试新的方法，即使这些尝试有时并不成功。这种文化鼓励团队成员分享他们的想法，尝试新的解决方案，并从这个过程中学习和成长。这种开放和包容的文化对于促进创新和适应变化至关重要。

管理和领导风格的转变也是文化重塑的关键组成部分。在智能化转型的过程中，领导者需要展现更多的开放性和适应性，他们需要通过自己的行为和决策来引导和支持文化的变革。这包括更加重视员工的意见和反馈，鼓励团队合作和协作，以及创建一个鼓励创新和尝试的环境。

（二）技术融合与文化适应

随着企业财务管理领域的智能化转型，技术已经成为不可或缺的一部分。然而，技术本身并不是万能的，其真正的价值在于能够被组织成员有效利用。这就要求组织不仅在技术层面上进行投资，更重要的是在文化层面上进行适应和融合。

在实现技术融合与文化适应的过程中，企业需要的是在组织中建立一种对技术开放和接受的文化氛围。这意味着企业不仅是引入新技术，更重要的是鼓励员工学习、探索并利用这些技术。在这样的文化中，技术不再被看作是一种单纯的工具或负担，而是成为提高工作效率、优化决策过程和促进创新的驱动力。

为了实现这一目标，组织需要采取一系列措施。比如管理层需要通过自己的行为和决策来展示对技术的重视和支持。这包括在技术方面的投资决策、优先考虑技术解决方案，以及在日常工作中积极使用技术。通过这种方式，管理层不仅展示了对技术的支持，也为整个团队树立了积极的榜样。为了鼓励员工接受和利用新技术，组织需要提供必要的培训和资源。这包括定期的技术培训、提供在线学习资源和建立一个支持员工在工作中试用新技术的环境。通过这种方式，员工不仅能够提升自己在技术方面的能力，也更有可能在日常工作中积极利用这些技术。

为了实现技术融合与文化适应，组织需要不断评估和调整自己的策略。这意味着组织需要定期回顾技术的应用情况、收集员工的反馈，以及根据需要调整培训和支持策略。通过这种方式，组织可以确保技术的应用不仅符合当前的需求，也能够持续适应未来的变化。

（三）数据驱动文化的建立

当前，数据已经成为组织的核心竞争力之一。准确、及时的数据可以帮助组织更好地理解市场趋势、客户需求和内部运营效率。通过基于数据的决策，组织可以更精确地定位问题、预测趋势，并制订更有效的策略。数据驱动的方法也有助于降低风险和提高透明度，因为决策过程和结果都可以通过数据来验证和解释。

数据驱动文化的核心在于利用数据作为决策和业务策略的基础，而不仅依赖直觉或传统方法。在这种文化中，数据被视为一种宝贵的资产，能够提供洞察力和支持更有效的业务操作。

数据驱动文化的建立需要在组织中创建对数据重视和使用的共识。这意味着企业将数据视为决策过程中的关键元素，而不是附加选项。在这种文化中，从最高管理层到普通员工，每个人都需要认识数据的价值，并在日常工作中积极利用数据。

实现这一目标的关键在于提供必要的资源和工具。组织需要投资于高质量的数据收集、管理和分析系统。这些系统不仅能够确保数据的准确性，还能提高数据处理的效率。除了技术投资，组织还需要对员工进行数据素养和分析技能的培训。通过这种培训，员工能够更好地理解数据的重要性，学会收集、分析和解释数据的方法，以及将数据洞察转化为实际行动的方式。

为了确保数据驱动文化的长期成功，组织需要不断评估和优化其数据实践。这包括定期回顾数据收集和分析过程、收集员工的反馈，以及根据业务需要和技术进步调整数据策略。通过这种持续的改进和优化，组织可以确保其数据实践始终保持在行业的最前沿，也能够适应不断变化的业务环境。

（四）持续学习与发展文化

市场和业务环境的快速变化，以及技术的进步，要求财务人才能够迅速适应新的业务模式和系统更新。在这种环境中，只有通过持续学习和发展，财务团队才能保持其专业能力和业务相关性。持续学习与发展的文化强调在不断变化的技术和市场环境中，组织和个人都需要持续学习新技能、新知识和新方法。持续学习的文化对于保持竞争力、适应技术变革，以及推动创新至关重要。

为了建立持续学习与发展的文化，企业管理层需要通过自己的行为和决策来展示对员工学习和发展的重视。这包括为员工提供学习和发展的资源，如培训课程、在线学习平台和专业发展活动。管理层还需要通过定期的沟通和反馈来鼓励员工的学习努力，并认可和奖励学习成果。

除了管理层的支持，建立持续学习与发展的文化还需要创造一个促进学习和探索的环境。这意味着企业管理员应在工作中鼓励创新和实验，允许员工尝试新方法，即使这些尝试有时可能不成功。在这样的环境中，失败被视为学习和成长的机会，而不是被指责的原因。通过这种方式，员工可以安全和自由地学习新知识和探索新技能，而不用害怕失败。

第二节　制度体系建设

一、建立健全的数据管理和使用制度

数据是智能化转型的核心。企业需要制订严格的数据管理制度，包括数据收集、存储、处理和分析的流程，还要确保数据的安全性符合相关法律法规。

（一）数据收集政策

在企业财务管理智能化转型过程中，建立一个有效的数据收集政策是关键的步骤。这个政策不仅确保了数据收集的合法性，以及收集的数据的质量高，还为后续的数据存储、处理和分析奠定了坚实的基础。

数据收集的目的和范围必须被清晰地定义。在智能化转型的背景下，数据不仅包括财务记录，还包括市场趋势、客户行为、供应链信息等。这些数据的收集目的应该直接关联到企业的战略目标，如提高决策效率、优化资源配置或增强客户服务等。明确的目的有助于确保收集的数据是有价值的，并且能够有效地支持企业的智能化决策过程。

数据收集的范围应当与企业的业务需求和法律法规相符合。这意味着企业需要确定必要的数据和过量或不相关的数据。过度收集不仅会造成资源浪费，还可能引起隐私性和合规性问题。因此，企业需要在收集数据的同时，权衡数据的实用性和敏感性，确保收集的数据既能满足业务需求，不违反数据保护法规。

数据收集的质量标准和方法也非常关键。为了确保数据的准确性和可靠性，企业需要建立严格的数据质量控制体系。这包括确保数据的完整性、一致性和准确性。例如，企业可以通过设置数据输入标准、使用数据验证工具和进行定期的数据质量审核来保证数据的质量。为了提高数据收集的效率和精准度，企业应当采用适当的技术工具，如自动化数据采集软件、高级数据分析工具等。

（二）选择合适的数据存储解决方案

一个适当的数据存储解决方案能够确保数据的完整性、安全性和在需要时的可用性，也符合成本效益和扩展性的要求。

在选择数据存储解决方案时，企业需要考虑数据存储的类型。现代企业通常面临的选择包括本地存储、云存储或者这两者的混合模式。本地存储，即在企业自己的物理设施内部署存储系统，提供数据的完全控制权和较高的安全性，但可能需要较高的初始投资和维护成本。相对而言，云存储服务则具有可扩展性、灵活性和通常较低的成本，但需要仔细考虑数据的安全性和服务提供商的可靠性。

数据的安全性是选择存储解决方案时的一个重要考虑因素。对于包含敏感财务信息的数据，安全性尤为重要。企业需要确保选定的存储解决方案能够提供强大的安全措施，如数据加密、防火墙、入侵检测系统，以及其他安全协议。企业也需要考虑数据的备份和灾难恢复能力，确保在数据丢失或系统故障时能够迅速恢复。除了安全性，数据存储解决方案的可扩展性也非常重要。随着企业的发展，数据量会持续增长。因此，数据存储解决方案需要能够灵活地扩展，以适应不断增长的数据需求。这涉及存储容量的扩展、数据管理的效率，以及对新技术的适应能力。

成本效益是另一个重要的考虑点。在评估不同的存储解决方案时，企业需要考虑总体拥有成本，包括初始投资、运营成本、维护费用，以及潜在的升级成本。成本效益最高的解决方案不仅可以减少财务负担，还能确保资源的有效利用。

（三）数据使用管理制度

有效的数据使用管理制度需要从明确数据使用的目的和范围开始。这意味着企业需要清晰界定核心的数据及辅助的数据，以及根据不同的业务需求合理分配和利用这些数据的方法。例如，在财务报告中，核心数据可能是财务指标和性能指标，而辅助数据可能是市场趋势或客户反馈。这些分类的明确不仅有助于提高数据处理的效率，还能确保数据分析的准确性和可靠性。

数据使用管理制度应涵盖数据的分析和应用。在智能化转型的背景下，数据分析成为支持决策的重要手段。因此，企业需要制订数据分析的标准，确保数据分析的过程科学、准确，同时能够为决策提供有价值的信息。这包括收集和整理数据、选择合适的分析工具，以及解读和应用分析结果。

数据使用管理制度不应是一成不变的，其需要根据外部环境和内部需求的变化进行适时调整。这要求企业定期审查和更新其数据使用政策和程序，以适应新的技术发展、市场变化或法规要求。持续的员工培训和发展也是确保制度有效实施的关键。员工不仅需要了解新的数据系统的操作方法，更重要的是理解数据的重要性，以及在日常工作中合理利用数据的方法。

二、制订技术标准和操作规范

企业需要制订一系列技术标准和操作规范，指导智能化工具和系统的选择、部署和使用。

（一）确定技术需求和评估标准

在企业财务管理智能化转型的初期，最关键的一步是企业能确定技术需求和评估标准。这个过程实际上是一场深入的自我探索之旅，企业需要对自身的运营、财务流程、长期战略，以及面临的挑战有一个全面而清晰的认识。理解自身的需求不仅关系到选择的技术，更关系到这些技术对企业达成其战略目标的帮助。

评估标准的制订涉及对技术方案的性能、可靠性、扩展性，以及与现有系统的兼容性进行综合考量。企业需要考虑未来的成长路径，选择那些可以随着企业的发展而扩展的解决方案。在此基础上，企业还需要考虑技术解决方案的部署和集成。企业选择的技术不仅应符合当前的业务需求，还应易于集成到现有的系统中，以最小化运营中断时间和员工的适应时间。系统集成的顺利进行是确保技术投资能够快速产生回报的关键因素。

确定技术需求和评估标准的过程是一项综合性工作，企业需要深入理解自身的业务需求，同时考虑技术解决方案的性能、成本和未来的扩展性。通过这样的过程，企业能够为其智能化转型奠定坚实的基础，确保选择的技术解决方案能够有效支持企业财务管理的优化和长期发展。

（二）制订技术操作的规范和手册

制订技术操作的规范和手册是一项创新和实用性并重的任务，涉及对企业使用的新技术进行全面的引导。这一过程不仅关乎技术的正确使用，更涵盖了在企业文化中嵌入这些技术的方法，使其成为提升效率、创新和员工参与度的工具。

这样的规范和手册的制订要从理解新技术的潜力和局限性开始。不同于传统的操作手册，这里的目标是创造一种能够引导员工理解并充分利用新技术的文档。这意味着手册不仅要提供步骤和指令，还要阐明技术与企业的具体业务流程、文化和目标相结合的方法。例如，在介绍一个新的财务分析工具时，手册应该解释利用这个工具来提高报告的准确性的方法，借此来获得对业务更深的见解的方法，以及将这些见解转化为实际操作的方法。

这些规范和手册需要设计得既全面又用户友好。全面意味着应包含所有必要的信息，从基础操作到高级功能，同时考虑不同用户的技能水平和经验。用户友好则意味着信息的呈现方式应简洁明了，易于理解和应用。这可能包括使用图解、案例研究、常见问题解答和互动元素，使学习过程更加生动和吸引人。

在这个过程中，创新性的表现是将技术操作规范融入员工的日常工作经验中。这意味着手册应当不仅是一本参考书，更是一个学习和发展的工具。通过提供实用的技巧、最佳实践和持续学习的资源，手册可以成为员工在智能化旅程中的伴侣，帮助他们适应和掌握新技术。

技术操作的规范和手册的制订和实施应视为一种投资，这不仅提升了员工的技术能力，也增强了他们对新技术的接受度和参与度。通过这种方式，技术不再是一个外在的工具，而是成为企业文化和业务实践的一部分，为企业的长期成功和持续创新提供支持。

（三）制订定期维护和升级计划

制订定期维护和升级计划是一个动态且前瞻性的过程，要求企业不仅要关注当前的系统性能和需求，还要预见未来的发展和变革。这个计划不仅是保障系统稳定运行的保险单，更是企业持续创新和保持竞争力的工具。

定期维护和升级计划的核心在于对技术环境的持续关注和预见性管理。这意味着企业需要超越传统的维护思路，将计划视为一个活生生的、适应性强的过程。这个过程涉及持续监控系统的性能，积极寻找改进的机会，以及预测和应对未来可能出现的挑战。例如，通过实时监控系统的数据处理速度和准确性，企业可以及时发现潜在的问题并迅速采取行动，从而避免系统故障或性能下降对业务运营的影响。

制订这样的计划还需要考虑技术的快速发展和市场变化。在数字化和智能化技术迅猛发展的今天，企业仅仅依靠固定的维护和升级计划是不够的。企业需要保持对最新技术趋势的敏感性，还需要定期评估自身系统是以保持竞争力。这可能涉及研究新兴的企业财务管理工具、分析这些工具能够帮助企业更好地实现目标的原因，以及制订相应的引入和培训计划。

这个计划还应包括对风险的评估和应对策略。任何技术系统都存在失败和故障的风险。有效的维护和升级计划需要考虑这些风险，企业需要制订相应的备份方案和应急预案。这不仅可以减少意外发生时的损失，还可以提升员工和管理层对系统稳定性的信心。

三、完善内部控制和风险管理机制

随着智能化技术的应用，财务风险的类型和性质可能发生变化。企业需要更新其内部控制和风险管理机制，确保可以及时识别、评估和应对新的风险，例如技术风险、数据泄露风险等。企业完善内部控制和风险管理机制的方法具体包括以下三个方面，如图5-3所示。

定期进行风险评估，
识别新的风险点

提高员工对风险
管理的认识

建立风险监控体系

图5-3　完善内部控制和风险管理机制

（一）定期进行风险评估，识别新的风险点

在当今日益复杂和动态的商业环境中，企业在推进企业财务管理智能化的同时，面临着各种新型风险。因此，企业应定期进行风险评估以识别新的风险点，这是确保企业稳健发展的关键环节。这一过程涵盖了企业对潜在风险的识别、分析和制订相应的控制措施，以减轻或消除这些风险可能带来的负面影响。

定期的风险评估是一个持续的、系统性的过程，旨在及时识别并评估可能对企业财务管理产生影响的内外部风险。随着智能化技术的融入，传统的财务风险已经发生了变化，新的风险，如技术相关的风险（例如系统故障或不兼容问题）、数据安全风险（比如数据泄露或误用），以及与自动化决策相关的合规风险逐渐显现。风险评估过程需要涵盖这些新兴风险，也不忽视传统的财务风险，如市场风险、信用风险等。

在进行风险评估时，企业需要分析每种风险的可能性和潜在影响。这不仅涉及量化分析，如影响的数学模型，也包括定性分析，比如专家意见和历史数据分析。企业还需要考虑风险的相互作用和累积效应。例

如，技术风险可能加剧数据安全风险，反之亦然。

在识别和评估风险之后，设计和实施有效的控制措施是缓解这些风险的关键。这些措施可能包括技术解决方案，如加强数据加密和备份，也可能包括管理措施，如改进内部控制流程、加强员工培训等。重要的是，这些控制措施需要能够灵活应对不断变化的风险环境，并能够与企业的整体战略和运营目标相协调。

（二）建立风险监控体系

建立一个全面的风险监控体系是确保企业能够持续、有效地应对各种风险的关键组成部分。这一体系不单是一系列监控工具和技术的集合，更是一个综合性的框架，融合了策略、流程、技术和文化，以确保企业能够及时发现和响应潜在的风险。

在构建风险监控体系时，企业需要明确的是监控的目标和范围。这不仅包括传统的财务风险，如流动性风险、市场风险、信用风险等，也包括由智能化技术带来的新型风险，如系统故障、数据安全漏洞，以及自动化决策的偏差等。在这一过程中，企业需要定义清晰的风险指标和阈值，这些指标应当能够反映企业面临的关键风险，并且应与企业的整体战略和目标保持一致。

风险监控体系的建立需要依托于先进的技术和数据分析工具。在智能化的时代，企业利用大数据分析、机器学习和人工智能等技术进行风险监控，可以有效提高监控的效率和准确性。例如，通过实时分析财务数据流，企业可以及时发现异常模式，预测潜在的财务问题。通过对历史数据的深入分析，企业可以更好地理解风险的根源和特性，从而制订更有效的应对策略。

然而，技术和工具只是风险监控体系的一部分。真正有效的风险监控还需要企业建立一套全面的流程和机制，确保风险信息能够被及时收集、分析和传达。这包括明确每个人负责监控的风险类型、报告风险事件的方式，以及根据风险信息做出决策的方法。例如，企业可以设立一个专门的风险管理小组，负责日常的风险监控和分析，同时制订清晰的报告和通信流程，确保关键信息能够迅速传达给决策者。

（三）提高员工对风险管理的认识

提升员工对于风险管理的认识是一个关键的任务。这个过程不仅关乎提供信息和知识，更涉及改变员工的思维方式和工作态度，使员工更加主动地参与风险管理。这不只是一个单向的教育过程，而是一个互动和持续发展的旅程。这一过程旨在培养员工对风险的敏感性、理解和应对能力。

提高员工对风险管理的认识意味着让他们理解风险管理在企业运营中的重要性。既为了满足合规要求或防止潜在的财务损失，也为了帮助企业抓住机遇、优化决策和提高竞争力。因此，这个过程需要从展示风险管理对企业的整体表现和长期目标的影响开始。通过具体案例和数据，企业可以向员工展示风险管理良好和不良的实际影响，从而增强他们对这一工作的认可和参与度。

提高员工对风险管理的认识也需要通过专门的实践活动来实现。这些活动应该涵盖风险识别、评估和应对的各个方面。培训内容可以包括风险管理的基本原则、使用的工具和方法，以及在日常工作中实施风险管理的手段。同时，通过模拟练习、角色扮演和团队讨论等互动形式，企业可以使培训过程更加生动和有效，帮助员工更好地理解和应用风险管理的知识。

提高员工对风险管理的认识还需要在企业文化中根植风险意识。这意味着企业领导需要通过自己的行为和决策来树立风险管理的榜样，并在整个组织中推广一种积极的态度，鼓励员工在面对不确定性和潜在风险时积极发声和参与决策。通过在日常沟通、会议和绩效评估中强调风险管理的重要性，企业领导可以帮助员工将风险意识融入他们的工作习惯。

提高员工对风险管理的认识还需要鼓励和支持员工在风险管理中创新和尝试。这可能意味着企业需要提供一个允许员工犯错和学习的环境，鼓励员工探索新的方法来识别和应对风险。通过定期的工作坊、创新竞赛和项目小组，员工可以在实际工作中尝试和应用他们的风险管理理念和工具。

第三节　财务人才培养

一、企业财务人才培养目标

财务人才培养的核心目的在于充分发掘和利用财务人才的潜力，激发他们的主动创新能力，以培育出全方位发展的财务人才。

（一）最大化财务人才的应用价值

最大化财务人才的应用价值意味着充分利用财务人才的技能和知识，使其在企业的日常运营和长期战略规划中发挥关键作用。这一目标的重要性在于，财务人才不仅是处理数字和报告的专家，更是企业决策过程和战略规划中不可或缺的参与者。

随着企业环境的日益复杂和竞争的加剧，财务人才对财务数据的深入理解和分析能力成为支持企业做出有效决策的关键。财务人才的专业技能和深入洞察能够帮助企业在预算编制、成本控制、投资分析等方面做出更加精准的判断，从而优化资源配置、提升运营效率并增强市场竞争力。随着企业财务管理向智能化转型，财务人才的角色也在发生变化，他们不仅需要掌握传统的企业财务管理知识，还需要适应新兴的技术，如数据分析、人工智能在财务领域的应用等，这对他们的能力提出了更高的要求。因此，最大化财务人才的应用价值不仅是提升企业财务管理效率和效能的需要，也是应对复杂业务环境和保持企业竞争力的重要策略。

（二）激发财务人才的创新和主动性

激发财务人才的创新和主动性、鼓励他们在企业财务管理实践中发挥积极作用，是财务人才培养中一个至关重要的目标。这个目标的核心是转变传统的财务角色观念，将财务人才从纯粹的数字处理者转变为战略参与者和创新推动者。

在快速变化的商业环境中，企业不仅需要财务人才准确无误地处理账目，更需要他们主动探索改进流程、提高效率的新方法，以及能够为企业战略发展提供有价值的财务建议。通过鼓励创新，财务人才可以运用他们对数字的深刻理解，帮助企业发现新的成本节约机会、资金管理策略，甚至参与新产品的财务可行性分析。财务人才主动性的激发不仅提高了他们工作的积极性，也促进了个人的职业成长和技能提升。在此过程中，财务人才能够不断地学习新技能、适应新挑战，从而使自身的专业能力与企业的需求保持同步。因此，企业应将财务人才培养的重点放在激发他们的创新和主动性上。这是企业构建一个灵活性高、适应性强和前瞻性好的财务团队的关键，也是确保企业在不断变化的市场中保持竞争力的重要策略。

（三）培养具有综合能力的财务人才

培养具有综合能力的财务人才意味着企业不仅要强化财务人才的传统财务技能，而且要拓展财务人才在技术、策略和创新方面的能力。这一目标的核心在于塑造一种多维度的财务专业能力，以适应当代企业财务管理的复杂性和挑战性。[①]

在企业财务管理智能化转型的时代背景下，单一的会计或财务技能已无法满足企业的需求。企业越来越倾向寻求那些能够理解并运用先进

---

① 　张敏，吴亭，史春玲，等．智能财务人才类型与培养模式：一个初步框架［J］．会计研究，2022（11）：14-26．

技术（如数据分析、人工智能等）以提高财务决策效率和准确性的人才。随着市场的快速变化和市场竞争的加剧，财务人才需要具备良好的战略思维能力，能够从更宏观的角度理解企业运营，为企业的长期发展提供支持。创新能力也变得日益重要，财务人才应能主动探索和实施新的方法和流程，以提升财务操作的效率和有效性。通过培养具备这些综合能力的财务人才，企业不仅能够提高其财务部门的整体工作效率和质量，还能增强其对外部环境变化的适应能力和整体竞争力。这样的财务团队能够更好地支持企业策略的实施，同时在不断变化的商业世界中为企业带来持续的创新和增长。

二、企业财务人才培养原则

企业财务人才培养要遵循以下原则，如图5-4所示。

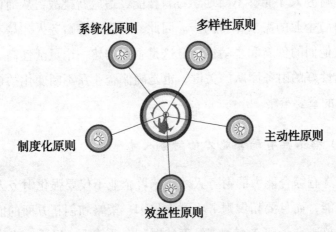

图5-4　企业财务人才培养原则

（一）系统化原则

系统化原则是一个核心的指导思想。这一原则的本质在于企业认识人才培养不是一项孤立的活动，而是一个全面、持续的过程，贯串于员工的整个职业生涯。在这一原则的指导下，财务人才的培养被视为一个完整的系统，涵盖了员工的发展规划、技能提升、职业路径规划等多个方面，旨在为企业构建一个稳定而高效的财务团队。

这个原则认识了财务人才的发展需要一个全面和长期的视角。随着智能化技术在财务领域的不断演进，财务工作的性质和要求也在发生变化。因此，财务人才的培养不能仅限于短期的技能培训或知识更新，而应该是一个长期的、系统的、发展性的过程。这种系统化的培养不仅涉及员工当前所需的技能和知识，也关注他们未来潜在的发展需求和职业规划。

系统化原则还强调了人才培养的全员性和循环性。全员性的原则意味着不仅是财务部门的专业人员需要接受培训，所有涉及企业财务管理工作的员工都应该纳入人才培养体系中。这样的全员培训能够确保企业在各个层面上都有足够的企业财务管理能力，以应对智能化带来的挑战。循环性的原则意味着培养过程是持续的，随着业务需求的改变和市场的变化，企业的培训内容也需要不断更新和调整，以保证培训的时效性和有效性。

（二）多样性原则

多样性原则的核心在于企业能认识并尊重每位员工的独特性，包括他们的技能、经验、学习方式和职业发展需求的差异性。这种原则强调企业在财务人才培养中应考虑多种不同的方法和途径，以适应不同员工的个性化需求，从而最大化每位员工的潜力和贡献。

这一原则之所以至关重要，是因为在当前快速发展的财务领域，单一的培训方法或单一的职业发展路径已不能满足所有员工的需求。随着财务工作范围的扩大，企业财务管理涵盖了从传统的会计处理到复杂的财务分析、预测，以及策略规划等多个方面，员工在这个过程中的角色和所需技能也变得更加多元化。多样性原则的实施就是要在这样的背景下为不同的员工提供适合他们的培养途径和机会，无论是针对初入行的新手，还是对于经验丰富的高级财务人才。

多样性原则的实施也是对智能化时代背景下多元化技能需求的响应。在智能化的影响下，财务人才除了需要掌握核心的财务知识，还需要具备数据分析、技术运用甚至跨部门沟通等多方面的能力。不同的员工可能在这些领域的背景和兴趣上有所不同，因此，提供多样化的培训和发展途径，可以帮助他们在各自擅长和感兴趣的领域内实现更好地成长。

多样性原则对创新和解决复杂问题有促进作用。在多样化的培养体系中，员工被鼓励从不同的角度和思路看待问题和挑战。这种多元思维方式有助于激发新的创意和解决方案，增强团队解决复杂问题的能力。通过尊重和鼓励个性化的职业路径，企业也能够吸引和保留更多的人才，从而在激烈的市场竞争中获得优势。

（三）主动性原则

主动性原则强调在人才发展过程中激发员工的自驱动力和自主创造性。这个原则的核心在于企业认识财务人才的成长和发展不仅是企业责任的一部分，也是员工个人主动参与和贡献的结果。主动性原则的推行意味着鼓励员工在自我提升、职业发展和技能提高上扮演更积极的角色。

在财务领域，尤其是在智能化快速发展的当下，员工仅仅依赖被动的学习和培训已经不足以应对日益复杂的工作要求。主动性原则的实施是基于这样一个认识：当员工积极探索、自发地学习新技能和新技术时，他们的学习效果更加深刻，对新知识的应用也更灵活。这种自我驱动的学习方式能够更好地帮助员工适应智能化带来的变化，同时激发他们探索未知的能力及解决问题的潜力。

主动性原则也强调了个人职业发展的重要性。在这个原则下，员工被鼓励去规划自己的职业道路，设定个人目标，并积极寻求实现这些目标所需的资源和支持。这种方法不仅有助于员工建立更强的职业目标感，也使他们能够更有意识地发展对企业最有价值的技能。例如，财务人才可能会主动学习数据分析或财务软件编程，这些技能将直接提升其在智能化转型中的核心竞争力。

主动性原则的实施还有助于营造一种鼓励创新和自我超越的企业文化。在这样的文化中，员工被鼓励提出新想法、挑战传统做法、寻找更有效的解决方案。这种文化不仅有助于促进个人的成就感和满足感，也能够为企业带来更多创新的思路，进一步增强企业的竞争力。

（四）效益性原则

效益性原则是指在人才培养的过程中，不仅要注重培训活动的实施和员工技能的提升，更要关注培训投入与企业整体绩效提升之间的有效联系。这一原则的核心在于企业实现人才培养的最佳投资回报率，确保培训活动不仅提升个人能力，同时对企业的长期发展和市场竞争力产生积极影响。

在智能化转型的过程中，企业面临诸多挑战和机遇，财务人才的培养需求日益增长，而企业资源（包括时间、资金和人力资源）却是有限的。因此，企业需要确保每一项培训投入都能带来最大的效益。这对于企业的可持续发展至关重要。这意味着企业的培训活动不仅要考虑立即的技能提升，更要关注这些技能转化为企业实际价值的途径，如提升财务效率、增强风险管理能力和支持更加精准的决策制订。

效益性原则还涉及培训活动与企业战略目标的紧密结合。通过将财务人才的培养与企业的战略规划相结合，企业可以确保培训内容和目标不仅满足当前的需求，也满足未来的挑战和机遇。这种长远的规划视角有助于企业在竞争激烈的市场中保持领先地位，并为未来的变革和创新打下坚实的基础。

（五）制度化原则

制度化原则的核心思想在于将人才培养工作从随意性的活动转变为一个有序、标准化的系统性过程。制度化不仅是对培养活动的规范化管理，更是对企业财务人才战略的长远规划和持续投资的体现。

制度化原则的实施意味着企业对财务人才培养采取一种结构化和连贯的方法。企业通过明确的政策、标准程序和持续的机制来保障培养的效果。在智能化转型的环境中，财务工作的快速变化要求财务人才不断地更新知识和技能。通过制度化的培养，企业可以确保所有财务人才能够及时获得必要的培训和支持，以应对新兴技术和市场变化的挑战。

制度化原则还有助于确保财务人才培养工作的稳定性和连续性。在制度化的框架下，培养活动不会因为企业领导层的变更或其他外部因素的干扰而中断或改变。这种稳定性和连续性对于建立长期有效的人才培养机制至关重要。

制度化的另一个重要方面是能够使财务人才培养更加透明。通过制订清晰的培养标准和评估体系，企业可以更加公正地评价培养效果，也为员工提供了清晰的职业发展路径和预期目标。这种透明度和公正性不仅有助于激发员工的参与感和归属感，也能够提升整个培养体系的效率和信任度。

三、企业财务人才培养内容

（一）加强职业道德培养

强化财务人才的职业道德，对于防止信息误用、财务欺诈和决策偏差尤为关键。通过加强对职业道德的培养，财务人才能够在智能化的工作环境中保持高度的警觉性，确保其工作结果的准确性。

职业道德的培养是提升财务人才整体素质、构建正直企业文化的基石。一个拥有强烈职业道德观念的财务团队能够树立企业的良好形象，提高企业在市场中的信誉。在面对复杂的经济关系和激烈的市场竞争时，这些财务人才能够坚守原则，公正处理各种财务事务，这对于保持企业的持续健康发展至关重要。

在实施这一策略时，企业应重视财务人才道德素养的全面提升。这包括培养他们遵守法律法规、诚实守信的基本职业操守，鼓励他们在日常工作中主动发现和解决道德问题，如财务报告的透明度和准确性。除此之外，企业还应强调财务人才在团队合作和业务交流中的诚信和公正，确保财务人才能够在各种情境下做出符合职业道德的行为。

（二）培养前瞻性眼光

企业财务管理领域正经历着前所未有的变革，在这种环境下，财务人才需要具备前瞻性的眼光，能够洞察行业发展的趋势和动态，理解新兴技术对企业财务管理的影响，以及这些变化对企业策略的潜在意义。

为了培养这种前瞻性眼光，财务人才需要定期接受有关企业财务管理最新趋势、法规变化和最佳实践的培训。这种培训不仅是对知识的更新，更是一种视野的拓展。通过这种系统的培训，财务人才能够从宏观的角度理解行业发展，识别新兴技术和变革背后的机遇和挑战，从而在新环境中有效地工作。

这种培养还需要财务人才不断地探索和实践。在理解了行业趋势和新技术的基础上，企业应鼓励财务人才尝试新的工具，使财务人才将理论知识转化为实践能力。这不仅能够帮助他们更好地适应智能化企业财务管理的新环境，财务人才也能够在实践中不断提升自己的前瞻性思维和创新能力。

培养前瞻性眼光还意味着财务人才需要具备跨学科的知识结构和思维模式。在智能化的时代背景下，企业财务管理与数据科学、人工智能、云计算等技术领域的结合日益紧密。财务人才需要能够跨越传统的企业财务管理边界，理解这些相关领域的基本原理和应用方法，从而能够在企业财务工作中更好地利用这些技术。

（三）着重培养创新能力

在智能化转型的过程中，财务工作的性质正在发生根本性的变化。财务人才不再局限传统的账目处理，而是需要处理复杂的数据集、运用高级分析工具，并参与企业战略的制订过程。因此，财务人才创新能力的培养变得尤为重要。

创新能力的培养致力将财务人才从传统的数字处理和报告编制角色，转变为能够主动推动和适应技术变革的创新者。创新能力的培养，不仅是增加财务人才新技能的学习，而且是鼓励财务人才探索新方法、新思维，并将这些应用于企业财务管理的各个方面。

创新能力的培养也是对财务人才应对不断变化的市场环境的准备。在全球化和技术快速发展的今天，企业面临的市场和经营环境比以往任何时候都要复杂。财务人才需要快速适应这些变化，通过创新的思维，帮助企业找到新的增长点，提高企业的竞争力。例如，通过对市场趋势的深入分析，财务人才可以为企业发现新的盈利模式或成本控制策略，从而帮助企业在激烈的竞争中脱颖而出。

创新能力的培养还是对财务人才个人职业发展的投资。在智能化的财务环境中，那些能够主动学习、适应新技术，并能创造性地应用这些技术的财务人才，将会是市场上最受欢迎的人才。他们不仅能够为企业带来更大的价值，也能为自己的职业生涯开辟更广阔的发展道路。

（四）具备快速学习能力

如今，财务人才所面临的不仅是传统财务知识的深化，还有信息技术、数据分析等新兴领域的挑战。在此背景下，快速学习能力成为财务人才适应和引领变化的关键能力。

财务人才的工作已不再局限数字的处理和报告的编制，他们需要理解并应用与财务相关的多学科知识，如经济、金融、投资、管理、法律等。这要求财务人才不仅要掌握财务学的核心理论和技能，还要能够迅速吸收和应用其他领域的知识，以促进跨学科的思维和解决问题的能力。因此，快速学习能力不仅是对财务人才个人素质的提升，也是他们在职业生涯中不断进步和发展的基础。

　　而且，财务人才在智能化环境下工作时，面临着不断变化的经济体制、财务制度和政策。这些变化对财务人才提出了更高的要求，不仅要求他们能够迅速适应环境的变化，还要求他们能够深入理解这些变化背后的意义和可能带来的影响。高级财务人才尤其需要具备这种快速适应和深入理解的能力，因为他们在企业中往往扮演着制订财务策略的关键角色。

　　在这个过程中，快速学习能力的培养不仅是对知识的迅速吸收，更是对信息的有效筛选、批判性分析和创新性应用的能力。这种能力能够使财务人才在面对大量信息和复杂情况时，能够迅速找到关键点，做出合理的判断和决策。因此，快速学习能力成为财务人才在智能化转型过程中不可或缺的核心竞争力。

（五）建立终身学习观念

　　随着财务领域内技术的快速发展和市场环境的不断变化，财务人才仅凭过去的知识和技能已难以满足当前和未来的工作需求。因此，财务人才终身学习的理念的强化不仅是为了他们个人能力的持续增长，也是为了确保企业能够适应并引领企业财务管理领域的变革。

　　在这个不断变化的时代，财务人才面临的是一个充满挑战和机遇的环境。从传统的会计处理到复杂的财务分析，再到智能化财务决策支持系统的应用，这一系列变化要求财务人才不断地学习新技术、掌握新知识，也需要他们拥有快速适应新情况的能力。因此，财务人才将学习作为一种终身的追求和习惯，对于财务人才来说，是适应这一变化的关键。

终身学习不仅是对知识的不断更新，更是一种思维方式和工作态度的转变。在智能化转型的过程中，财务人才需要保持好奇心和探索精神，主动寻求新知识，勇于尝试新方法。这种主动的学习态度，将使他们能够更好地理解和应用新兴的企业财务管理工具，如数据分析、预测建模和人工智能等，并能在工作中展现更高的效率。

终身学习也是财务人才个人职业发展的重要途径。随着职业生涯的推进和工作角色的变化，财务人才需要不断地充实自己，提高自己的专业能力和管理水平，从而在竞争激烈的职场中保持优势。通过终身学习，财务人才不仅能够累积丰富的专业知识，还能够提升自己的思维能力和解决问题的能力，从而在职业发展中走得更远。

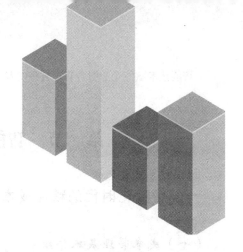

第六章 企业财务管理智能化转型的创新实践

　　智能技术的引入正在重塑企业的财务操作方式，从成本管理到税务处理，再到预算规划和投融资决策，每一个环节都在经历着从传统手段向智能化转型的跃变。这种转型不仅提高了企业财务管理的效率和精确度，还为企业带来了更深层次的战略洞察和决策支持。在这一背景下，探索企业在智能化时代下的企业财务管理创新实践，对于理解这一领域的最新趋势，以及把握未来发展的机遇，具有重要的意义。本章将通过一系列创新实践案例，展示智能化技术帮助企业在激烈的市场竞争中保持领先的实例，也为企业财务管理专业人士提供了宝贵的启示，帮助他们在智能化浪潮中乘风破浪。

第一节　智能成本管理

一、智能化时代的精益成本管理

（一）成本管理基本介绍

成本管理是对企业在生产和运营过程中产生的成本进行系统的规划、控制和分析。这包括直接成本（如原材料、直接劳动力等）和间接成本（如管理费用、销售费用等）的管理。成本管理的目的是确保企业以最低的成本获得最大的经济效益，同时维持或提高产品和服务的质量。通过有效的成本管理，企业可以更好地控制经营风险，提高市场竞争力，实现可持续发展。

成本管理是企业财务管理中的一个重要组成部分。企业财务管理的主要目标是提高企业的财务效率和盈利能力，而成本管理正是实现这一目标的关键手段之一。通过精确地计量和控制成本，企业财务管理能够更有效地指导企业的经营决策，优化资源配置，从而提高企业的整体经济效益。成本管理还与预算管理、投资决策等财务活动密切相关，是企业财务战略制订和实施的重要基础。

成本管理作为企业财务管理的核心内容，其主要包括成本的计算与分配、成本的控制与降低，以及成本分析与决策支持这三大板块。每个板块都承担着重要的职能，对于提升企业的经济效益和市场竞争力来说至关重要。

成本的计算与分配是成本管理的基础。这一过程要求企业准确地识别并计算与生产和服务相关的所有成本要素，如直接材料、直接人工和制造费用等。企业需要通过精细的成本核算系统，将成本准确地分配到各个产品或服务上，这对于确定产品定价、分析产品营利性和制订成本控制策略来说至关重要。例如，采用作业成本法可以帮助企业更精确地分配制造过程中的间接成本，从而提高成本分配的准确性和透明度。

成本的控制与降低是企业提高盈利能力的重要途径。在这一环节，企业需运用各种策略和方法来优化成本结构，降低不必要的开支。例如，通过改进生产流程和提高操作效率，企业可以降低生产成本；通过采用先进的供应链管理策略，企业可以降低采购成本和库存成本；通过有效的预算管理，企业可以控制经营成本，防止资源浪费。企业还应注重长期的成本优化，如通过投资新技术或改进产品设计来降低长期成本。

成本分析与决策支持则是成本管理的高级阶段，要求企业不仅要会计算和控制成本，还要能够深入分析成本数据，为企业的战略决策提供支持。例如，成本－效益分析可以帮助企业评估投资项目或新业务的经济可行性；成本趋势分析可以帮助企业预测未来的成本变化，从而做出更合理的预算和战略规划。成本管理还应与企业的整体战略紧密结合，如通过对成本结构的深入理解，企业可以制订更有效的市场竞争策略，如成本领先策略或差异化策略。

（二）精益成本管理相关介绍

精益思想的核心宗旨是在生产和运营过程中最大限度地创造价值，同时将浪费降到最低。这一思想的实质是追求效率最大化和成本最小化，通过不断的改进和优化过程，消除生产和运营中的所有非增值活动。精益思想最初在制造业中获得应用和发展，但随着时间的推移，这种思想已经跨越行业界限，扩展到了包括企业财务管理在内的各个领域。在企业财务管理领域，精益思想的应用被称为精益成本管理。

精益成本管理的目标是通过精细化管理供应链和生产过程中的每一个环节，以降低整体成本和提高运营效率。与传统成本管理相比，精益成本管理有几个显著的不同点。

首先，精益成本管理注重的是整个供应链的成本效益，而不仅是单个产品或单个部门的成本。这种全面的视角使精益成本管理更加复杂，但更加有效。在传统成本管理中，企业的重点往往放在直接成本的控制上，比如原材料成本和直接劳动成本。在精益成本管理中，企业将更多的关注点放在了整个价值链上，包括供应商管理、库存控制、生产效率、物流优化等方面。这种全面的管理方式能够帮助企业识别和减少整个生产和分销过程中的浪费，从而在更大程度上降低成本和提高效率。例如，通过改进供应链管理，企业可以减少库存成本和提高物料的流转速度；通过优化生产流程，企业可以减少生产中的浪费和提高生产效率。

其次，精益成本管理强调持续的改进和优化，而不是一次性的成本削减。这种持续改进的过程要求企业不断地审视和评估现有的操作流程，寻找改进的机会。在精益成本管理中，改进是一个永无止境的过程，涉及对企业的所有操作流程的持续审视和优化。这种方法鼓励企业不断地寻找新的方式来提高效率和降低成本，无论是通过引入新技术、改变工作流程，还是通过重新设计产品和服务。例如，企业可以通过采用自动化和数字化技术来提高生产效率，或者通过实施精益六西格玛等管理方法来提高过程的质量和效率。

最后，精益成本管理还强调员工的参与和团队合作。在精益的环境中，每个员工都被视为改进过程中的重要参与者。他们被鼓励识别工作中的浪费，提出改进的建议和解决方案。这种员工参与的文化不仅能够帮助企业发现并实施改进措施，还能够提高员工的满意度和参与度。在精益成本管理中，团队合作也非常重要。通过跨部门的合作，企业可以更有效地实施改进措施，实现成本的降低和效率的提高。例如，生产部门和采购部门可以合作优化物料采购和使用过程，减少浪费和降低成本；销售部门和物流部门可以合作提高订单处理的效率，提升客户满意度。

精益成本管理的发展与现代企业对效率和客户满意度的持续追求紧密相连。在全球化和技术创新的大背景下，市场竞争变得日益激烈，客户需求也愈发多样化和个性化。在这样的环境中，企业不仅面临着成本控制的压力，还需要快速响应市场变化，灵活适应客户需求。精益成本管理在这样的背景下迅速发展，通过全面审视和系统优化企业运营的方法，帮助企业实现成本效益和市场响应的双重目标。

（三）精益成本管理智能化的特征

精益成本管理作为一种全面、系统的企业财务管理方法，在智能化时代展现更大的潜力和价值。智能化精益成本管理的特征体现了现代科技与传统管理理念的融合，具体特征如下。

1. 数据是智能化精益成本管理的基石

在这个数据驱动的时代，准确而及时的数据采集变得至关重要。企业需要具备敏锐的数据意识，能够有效地识别、收集并利用关键数据。这些数据不仅包括传统的财务数据，还包括生产、运营、市场和客户行为等多方面的数据。通过对这些数据的深入分析，企业能够更准确地识别成本浪费的源头，制订更有效的成本控制策略。例如，通过分析生产数据，企业可以发现生产过程中的效率瓶颈，通过优化工艺流程来减少浪费；通过分析客户行为数据，企业可以更准确地预测市场需求，优化库存管理，降低库存成本。

2. 数字平台在精益成本管理智能化中扮演着关键角色

智能化精益成本管理通过数字平台实现数据的集中管理和自动化处理，这与精益管理中强调的整体优化和流程连续性相符。这些平台不仅是数据收集和分析的工具，更是整合企业运营信息的枢纽。在统一的数字平台上，企业可以实现各种数据的集中管理和分析，这不仅提高了数据处理的效率，也增强了数据分析的深度和广度。通过集成生产、财务、销售和客户服务等多个方面的数据，企业可以获得一个全面的视角，从而更好地理解和优化整个价值链的运作。数字平台还支持高级的数据分析技术，如机器学习和人工智能，这些技术可以帮助企业从大量数据中发现趋势，预测未来的变化，从而为决策提供更强的支持。

3. 智能化精益成本管理强调持续的学习和改进

在智能化的环境下，企业不仅能够更快地识别问题，还能够更快地学习和适应。通过不断收集和分析数据，企业可以持续改进其运营流程，提高效率和效益。例如，通过实时监控生产数据，企业可以快速发现生产中的问题，及时进行调整；通过对销售数据的分析，企业可以更快地适应市场变化，优化产品组合和定价策略。

二、企业智能成本管理实践案例

（一）A企业精益成本管理智能化实践背景

A企业作为一个在全球供应链环境中运营的企业，近年来面临着市场环境的巨大变化和激烈的竞争挑战。随着全球供应链格局的持续变化和原材料成本的大幅波动，企业的利润空间不断收窄，迫切需要寻找有效的方法来降低成本和提高效率。在这样的背景下，A企业的成本管理实践和挑战成为其转型和升级的关键。

A企业目前的成本管理模式还停留在较为传统的层面，以财务结果为出发点，对成本流转及价值创造的关键风险缺乏全面的理解。这种以结果为导向的管理模式，虽然能够在一定程度上控制财务成本，但在识别和优化成本管控过程中面临着诸多挑战。由于缺乏对整个成本流转过程的深入分析和管理，企业在成本控制上往往只能停留在表面，难以触及成本管理的深层次问题。而且，目前的降本增效主要集中在财务结果的控制上，业务指标和成本驱动因素之间的联动不足。这导致即使在表面上实现了成本的降低，也无法从根本上影响和优化成本的生成。企业在成本管理中过分关注显性生产成本，而忽略了售后、存货滞留等隐性成本，这进一步加剧了企业成本管理的局限性。智能化工具在A企业中应用不足，传统的企业资源规划系统在过程数据透明度和信息整合上存在明显不足。关键信息的多级明细查询、追溯和对比困难，系统的老旧导致自动化多维成本分析缺乏便捷的智能化工具，手工分析速度慢且数据不准确。

值得一提的是，由于在不同管理主体和目的下数据口径不统一，A企业各个环节沉淀了大量数据，但由于系统未能打通，存在数据孤岛的问题，这进一步增加了成本管理的复杂性和难度。

在这样的背景下，A企业迫切需要通过精益成本管理智能化来应对这些挑战。通过引入先进的数据分析技术和整合信息系统，企业可以更准确地识别成本的生成和流转过程，实现成本的优化和控制。智能化工具的应用还可以帮助企业实现数据的实时监控和分析，提高决策的速度和准确性。通过这样的转型，A企业可以有效地提高其成本管理的效率和效果，从而在竞争中占据优势。

（二）A企业精细化成本管理体系框架

为解决上述问题，A采取了一系列创新举措来构建精细化成本管理体系。这一体系的核心在于实现全价值链的精益成本管理，包括业财意识、流程体系、系统工具的融合。

在成本管理流程及制度体系建设方面，A企业采取了切实有效的措施。围绕不同事业部的业务特点，企业深入分析了成本管理中存在的问题及其根源。通过重新定义成本管理的权责分工和衡量指标，A企业实现了成本管理流程的精细化。这种管理流程不仅关注成本的归集和分摊，更重视成本管控和分析的规范化。通过统一的成本管理规则，企业成功实现了财务语言与业务语言的有效对话，这种对话不仅提高了成本管理的透明度，也加强了业务部门对成本控制的认识和参与。

在成本分析体系规划方面，A企业采取了全面而深入的策略。重新梳理了各事业部的管理需求，从产品增值和产品盈利两大视角出发，规划了全面的成本分析体系。这一体系涵盖了产品研发、采购、生产、物流、质量和售后等全过程的成本分析。通过建立业财联动的成本指标体系和多级成本结构，A企业不仅可以实现细粒度的成本分析，还可以根据不同的业务需求提供个性化的分析维度和方案。这种精细化的成本分析体系，使企业能够更加精确地理解成本构成，从而实现更有效的成本控制和优化。

在全成本平台的实施方面，A企业采用了先进的信息技术和平台。通过部署全成本平台产品，企业实现了企业资源规划、生产执行系统、产品生命周期管理等系统关键数据的提取和整合。这些数据以生产工单、产品、销售订单等核心维度为索引，在平台上提供了丰富的成本分析功能。财务人才可以在平台上进行不同层级、不同主题的成本结果上传与汇总。基于个性化的分摊逻辑和交易数据模型配置，财务人才可以在系统中实现跨组织、跨系统的成本还原。这种全面的成本平台实施，有效提高了成本分析的效率和准确性，为企业提供了端到端的精准分析。

在成本报表展示方面，A企业采取了直观有效的展示手段。财务人才可以利用图表直观呈现企业的生产投入、产品成本和相关指标的动态变化。异常数据的自动预警和图表数据的穿透回溯功能使企业能够深度挖掘成本驱动的根源，并快速响应市场变化。这种直观的成本报表展示不仅为企业管理层提供了即时的决策支持，也为企业的战略规划提供了有力的数据支持。

（三）A企业精益成本管理智能化实践成果

A企业通过实施精益成本管理智能化实践，取得了显著成果。这一转型不仅提升了企业的成本管理水平，还为企业的整体运营和战略决策提供了强有力的支持。

A企业的精益成本管理智能化实践成功构建了一个全面覆盖企业全价值链的精细化成本管理体系。这一体系将业财意识、流程体系和系统工具融为一体，形成了一个高效协同的成本管理平台。在这个平台上，企业能够进行全面的成本核算、成本分析、成本管控和绩效考核。这种全面的成本管理不仅关注财务数据的记录和报告，更注重成本数据的深入分析和应用，使企业能够更准确地理解成本的生成和流转过程，从而实现更有效的成本控制和优化。

A 企业的精益成本管理体系特别强调业财融合。通过内置的业务人员操作模块，业务部门可以直接参与前端数据的填报和审核确认，这有效提高了业务到财务数据的协同联动。在这种协同机制下，成本管理不再是财务部门单独的工作，而是企业全员参与的过程。这种全员参与的模式不仅提高了成本数据的准确性和及时性，还提高了业务部门对成本管理的认识和参与度。

在数据链路的完整性和清晰性方面，A 企业的精益成本管理智能化实践也取得了显著成果。企业的成本管理体系支持多层级、多方案的成本追溯、成本分摊和成本还原。这种多维度、多方案的成本分析不仅提高了成本数据的透明度，还为企业提供了更加灵活和深入的成本控制手段。通过可视化呈现，企业能够从不同的维度理解和分析成本数据，这为企业的战略决策提供了有力的数据支持。

从精细化成本管控战略出发，A 企业成功地识别了成本管理中的关键因素和薄弱环节。通过发掘真实的成本动因，企业能够更准确地定位成本的生成和流转过程中的问题，从而制订更有效的成本控制和优化策略。企业还优化了成本分析工具，使成本分析更加精准和高效。这种精细化的成本管控不仅提高了企业的成本管理水平，还为企业的长期发展和市场竞争力的提升奠定了坚实的基础。

综上所述，A 企业的精益成本管理智能化实践取得了显著成果。这种智能化的成本管理体系不仅提高了企业的成本管理效率和效果，还为企业的整体运营和战略决策提供了强有力的支持。在激烈的市场竞争中，这种先进的成本管理模式将为企业带来更大的竞争优势。

三、智能成本管理启示

智能成本管理在财务智能化转型过程中为企业带来的启示是多方面的。以下是从 A 企业案例中提炼的几个关键启示，对于正在或计划进行财务智能化转型的企业具有重要的参考价值。

（一）智能成本管理强调了精益管理思想的重要性

企业在成本管理中需要采取一种全面而系统的视角，不仅关注通过减少数字上的成本来实现短期的利润提升，而且注重通过优化整个价值链来实现长期和持续的效益提升。智能成本管理利用先进的数据分析和智能化工具，使企业能够更加精确和全面地理解成本的产生和流转过程，从而更有效地识别和削减成本中的浪费部分。

在智能化的支持下，企业可以通过大数据分析、机器学习等先进技术，对大量的生产和运营数据进行深入分析。这些技术不仅能够帮助企业快速识别出生产过程中的低效环节，还能够提供针对性的改进建议。例如，通过对生产线数据的实时监控和分析，企业可以发现存在过度消耗资源或时间的环节，从而及时调整生产计划或优化工艺流程，减少浪费，提高效率。

（二）智能成本管理要求企业全面梳理业务场景和识别成本

智能成本管理对企业而言，不仅是一种技术的应用，更是一种管理理念的革新，要求企业对其业务场景进行全面的梳理，深入分析每一个环节的成本构成，从而精确地识别出成本管理的薄弱环节。这种方法的核心在于，通过系统化的分析，企业能够发现并解决那些之前可能被忽视的成本问题，从而不仅在短期内降低成本，而且在长期内实现成本控制的可持续性。

在智能成本管理的实践中，企业需要综合考虑产品的整个生命周期，从初期的设计阶段到最终的产品交付。在产品设计阶段，通过分析设计的复杂性、材料选择和生产工艺，企业可以识别出可能导致高成本的设计因素，并在早期进行优化。在原材料采购阶段，企业可以通过市场价格分析、供应商管理和采购策略优化来降低采购成本。在生产过程中，通过对生产线的数据分析和流程优化，企业可以有效减少生产中的浪费和提高生产效率。在物流配送环节，通过优化物流路线、提高装载效率和减少库存，企业也可以大幅降低物流成本。

智能成本管理还涵盖了对质量成本、售后成本等隐性成本的分析。这些成本往往不易被直接观察到，但对企业的总成本影响巨大。通过对这些成本的识别和分析，企业可以更全面地了解成本的真实结构，采取更有效的控制措施。

（三）打通业财数据链接，实现成本信息流与业务变化的紧密结合

在智能化时代，企业需要超越传统成本管理模式中存在的数据脱节问题，利用技术手段实现实时数据的整合与分析。在传统成本管理中，财务数据往往滞后业务发生的实际情况，导致成本信息无法及时反映业务的实际变化，这在快速变化的市场环境中可能导致企业错失重要的决策机会。而智能成本管理通过引入高效的数据集成工具和分析技术，如大数据分析、云计算和实时数据处理平台，使企业能够实现业务数据与财务数据的即时同步。这种同步不仅提高了数据的准确性和时效性，还使企业在面对市场和运营变化时能够做出更快速和更精准的响应。例如，利用智能化工具实时监控生产线的数据，企业可以迅速获得关于原材料消耗、生产效率和产品质量的信息。这些信息可以即时传递给财务部门，使其能够及时调整预算和成本预测。当市场需求发生变化时，实时数据分析可以帮助企业快速调整生产计划和库存管理，从而有效控制成本，避免资源浪费。

（四）智能成本管理强调精细化成本分摊和可视化报表的重要性

精细化的成本分摊是智能成本管理的一个关键组成部分，使企业能够将成本以更精确的方式分配到各个产品、服务和活动中。这种细化程度的提升不仅有助于准确衡量各项业务的成本效益，还可以揭示成本构成的深层次细节。例如，企业可以通过精细化分摊，准确追踪到单个产品的原材料、生产、物流等各环节的成本，从而识别出成本控制的潜在机会或不合理的成本分配。

智能成本管理强调的可视化报表为企业提供了一种更加直观的成本展现方式。通过图表、图形和动态仪表板，复杂的成本数据被转化为直观易懂的视觉信息。这种可视化呈现方式不仅简化了数据解读过程，还增强了数据的吸引力和说服力。例如，管理层可以通过可视化报表一目了然地看到不同产品线的成本和利润状况，迅速识别出盈利能力高的产品或成本超支的环节，从而及时调整策略和资源配置。可视化报表还提供了动态追踪和实时更新的功能，使企业能够持续监控成本趋势和业务表现。这种实时性确保了企业在快速变化的市场环境中能够迅速响应，及时调整经营策略，优化成本结构。

智能成本管理对精细化成本分摊和可视化报表的重视，能显著提升企业成本管理的精度和效率，使企业能够以更加科学和系统的方式理解和控制成本，为企业带来更加深入的业务洞察和更加有效的决策支持。

第二节　智能税务管理

一、智能化时代的税务管理

（一）税务管理基本介绍

税务管理主要是指对企业涉及的各项税收的有效控制和处理，包括了税收的计算、申报、缴纳，以及与税务机关的沟通协调。在更广泛的意义上，税务管理还涉及税收筹划，即通过合法手段最大限度地减少税务负担。有效的税务管理对于企业来说至关重要，这不仅影响到企业的财务健康，还直接关系到企业的声誉和合法性。

税务管理作为企业和个人合规经营的核心组成部分，涉及一系列综合性的活动，旨在确保税收的合法、准确和及时处理。税务管理的工作内容不仅局限税款的计算和申报，还涵盖了沟通协调、税务筹划等多个方面。

1. 税务计算和申报

税务管理的首要任务是准确计算企业或个人的应纳税额。这一过程需要企业对自身的财务数据进行详细的分析，包括收入、成本和支出等。税务管理者需要确定适用的税率和税基，确保税款计算的准确性。例如，对于企业所得税来说，企业需要根据企业的净利润计算税额；而对于增值税来说，企业需要基于销售额和适用税率来确定。

在准确计算税款之后，税务管理者负责准备和提交税务申报表。这一过程不仅要求税务管理者对税法有深入的了解，还要求税务管理者熟悉具体的申报程序和要求。税务管理者在申报过程中的任何错误都可能导致罚款或进一步的审计。因此，税务管理者需要精确地处理这些信息，并确保所有的申报都符合当前的税法规定。

2. 沟通协调

税务管理还包括与税务机关的沟通和协调工作。这包括回应税务机关的查询、处理税务审计，以及就税务争议进行协商和解决。有效的沟通技巧和良好的关系管理对于确保税务事务顺利进行至关重要。例如，在税务审计过程中，税务管理者需要提供详细的财务记录和证据，以证明税务申报的准确性。

3.税务筹划

税务筹划是税务管理中更主动的一环。通过合法的财务规划手段，税务筹划的目标是在遵守法律规定的前提下，尽可能地降低税务负担。这可能包括利用税收优惠政策、选择最优的税务结构，或对企业的财务安排进行调整以实现税收优化。税务管理者在进行税务筹划时不仅需要深入了解税法知识，还需要对企业的业务模式和财务状况有全面的了解。

随着国际贸易的增加和税法规定的日益复杂，税务管理面临着越来越多的挑战。跨国企业在进行税务处理时涉及多个国家的税法，这就要求税务管理者不仅要熟悉本国的税法，还要了解其他国家的税收规定。税法的不断变化也要求税务管理者必须持续关注最新的税法变动，并及时调整税务策略。在更宏观的层面上，税务管理对社会经济健康具有重要意义。税收是政府重要的收入来源，用于资助公共服务和基础设施建设。因此，有效的税务管理不仅有利于个人和企业，还有助于维护整个社会的经济稳定和发展。

（二）智能税务管理的内涵

智能税务管理是指运用自动化技术和大数据分析等智能化工具，来处理企业税务活动的过程。这包括税收筹划、税务申报、税款支付和税务风险管理等方面。智能税务管理的目的在于提高税务处理的准确性，减少人工错误，提升税务申报和支付的效率，也为企业管理层提供决策支持。

智能税务管理是企业在财务智能化转型过程中的一个重要领域。智能税务管理将现代信息技术与传统的税务管理流程结合起来，以提高税务管理的效率、准确性和透明度。随着技术的发展，尤其是在金税四期工程的推动下，企业税务管理正在经历从传统的"以票算税"向"以数管税"的重大转变。智能税务管理不仅反映了企业内部对效率和效益的追求，也是对外部监管压力的一种积极响应。

（三）智能税务管理的特点

智能税务管理作为企业财务智能化转型的核心部分，其特点如图6-1所示。

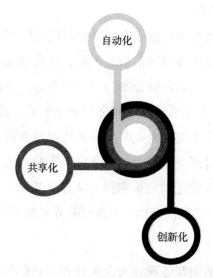

图6-1　智能税务管理的特点

1.自动化

智能税务管理的自动化体现在企业内部税务管理信息系统的应用上，这些系统能够实现全部涉税业务的线上化和自动化处理。这种自动化显著提高了企业税务处理的效率和准确性，同时降低了人为错误的风险。

自动化的具体应用包括税务计算、申报、审计和合规性检查等各个方面。例如，通过自动化系统，企业可以自动计算应缴税款，自动生成税务申报表，并及时向税务机关提交。这些系统还可以自动检测财务数据中的异常或不一致，帮助企业及时发现并纠正潜在的错误或遗漏。自动化还使税务筹划更高效。通过集成的数据分析工具，企业能够快速分析税务数据，制订更有效的税务筹划策略，优化税务负担。这种基于数据和算法的税务筹划不仅更加准确，还能为企业在税务方面的决策提供有力支持。

2.共享化

智能税务管理的共享化是通过整合企业内外部资源，实现税务管理的协同化和集约化。这种共享化的策略能够有效提高税务资源的利用率和税务工作的协作效率。

在内部，共享化意味着企业内部不同部门之间的税务信息和资源可以共享。这不仅促进了部门间的信息流通，也避免了资源重复投入和工作效率低下的问题。例如，财务部门可以与销售、采购等部门共享税务相关的数据和信息，使整个企业在税务处理上能够形成统一的标准。

在外部，共享化体现在企业与外部机构如税务机关、财务顾问企业等之间的协作。通过网络化平台，企业可以实时与税务机关沟通和交换信息，及时响应税法变化和政策调整，从而保持税务合规性。企业也可以通过共享平台与外部顾问合作，获取税务筹划和风险管理的专业服务。

3.创新化

智能税务管理的创新体现在人工智能和大数据等先进技术的融合应用。这些技术的应用不仅提高了税务管理的效率，也使税务管理更加智能化和精准。

人工智能技术如语音识别、OCR、语义识别和知识图谱等在税务管理中的应用，极大地提高了数据处理的速度和准确性。例如，OCR技术可以用于自动识别和处理发票和其他税务文件，减少了手动输入的需要。语义识别和知识图谱技术则可以帮助企业从大量的税务数据中提取有价值的信息，进行深入的税务分析和风险评估。

与此同时，云计算和大数据技术的应用使企业能够存储和处理海量的税务数据。这些技术的应用不仅提高了企业数据处理的能力，也为税务筹划和决策提供了更加丰富和深入的数据支持。例如，通过大数据分析，企业可以识别税务优化的潜在机会，制订更有效的税收策略，从而在合规的基础上最大化税务效益。

二、企业智能税务管理实践案例

（一）C企业智能税务管理实践背景

C企业的智能税务管理实践是一个典型的例子，展示了在现代企业环境中实施智能化的税务管理的方法。面对"建设世界一流企业财务管理体系"的目标，C企业深化了其财务智能化转型战略，探索税务管理的智能化改革。在这一过程中，C企业识别并梳理了三个主要的挑战。第一个挑战是税务管理体系标准化的难度。由于企业业务的多样性、跨区域运营、多纳税主体和税种，以及不同地区政策的差异，建立一个全面的标准化税务管理体系变得尤为复杂。第二个挑战是税务管理信息化中的难点。C企业的财务核算系统和业务系统较多，且建设较早，这导致数据质量问题和系统间断点的增多，增加了税务管理的复杂性。第三个挑战是系统的灵活性和可扩展性。由于我国财税制度正处于深化改革期，税务管理信息系统需要能够灵活应对政策的频繁变化，同时保持其可扩展性。

（二）C企业智慧税务智能化管理的建设思路

为应对那些挑战，C企业提出了一套智慧税务智能化管理的建设思路。这套系统基于共享经济治理理念，以业财税票一体化为核心，旨在实现税务管理的标准化、智慧化和智能化。这一系统利用大数据、云计算和人工智能等现代信息技术，旨在构建一个高集成功能、高安全性能、高应用效能的智慧税务管理平台。该平台帮助企业实现精细的票据管理、精确的税务计算和精准的纳税，从而规避税务风险、降低涉税成本，支持企业税务管理的智能化转型。

C企业的智慧税务智能化管理系统的总体建设思路是深入实施"以数治税"的理念，全面对标一流企业标准。该系统旨在建立一个集团级的税务管理标准，并构建一个国内领先的集团层面智慧税务管理系统。这个系统不仅服务集团总部，也覆盖到各层级企业，采用集中管控和分业务板块管理的模式。通过与企业的业务、财务和金税系统的对接，这个平台能够管理集团所有的涉税和涉票数据，实现降低税务管理成本、提高管理效率、降低涉税风险的目标。

C企业还通过全方位的税收大数据分析，形成了适用于不同业态、税种、地区和规模水平企业的多维度税务情况分析报告。这些报告不仅挖掘了税务数据的价值，也帮助企业预防涉税风险，创造税收效益，支持集团的科学决策。

（三）C企业智慧税务管理体系建设方案

C企业的智慧税务管理体系建设方案覆盖了从集团层面到二级集团和单体企业层面的各个方面，涵盖决策分析、风险管理和基础合规管理等关键领域。

在集团层面，C企业的重点是税务决策分析。这一层面的核心目标是实现集团各层级涉税数据的有效集成，从而对集团层面的涉税数据进行全面分析，挖掘税收大数据的价值。这不仅包括对税收案例、涉税风险和税收优惠信息的共享，还包括对各地区税收法律法规的实时更新和共享。集团还会监控所属企业的涉税风险报告和涉税数据，确保及时了解和应对潜在的税务风险。在这个层面，税务报表的处理也实现了自动化，大幅提高了效率和准确性。

对于二级集团层面来说，C企业的重点转向涉税风险管理。在这一层面上，企业将形成二级集团层面的涉税数据集成，为管理范围内的纳税主体生成税务风险报告，并对税务风险指标进行预警管理。这一层面的工作还包括对二级集团范围内的税收案例、政策法规和税收优惠信息的实时共享。与集团层面一样，二级集团层面的税务报表处理也实现了自动化，确保了数据处理的高效性和一致性。

在单体企业层面，C企业的重点是税务基础合规管理。这一层面的目标是实现基础税务管理的自动化和标准化，包括发票开具、进项发票管理、发票数据获取和纳税申报等环节。单体企业将生成独立纳税主体的涉税风险报告，并对税务风险指标进行预警管理。单体企业还能够及时获取集团和二级集团层面的税收案例、政策法规信息，确保在税务合规方面的及时性和准确性。在这个层面上，税务报表的处理同样实现了自动化。

　　C企业智慧税务管理体系建设方案的实施，标志着企业税务管理从传统的人工操作向智能化、自动化转变的重大步伐。这一转变不仅提升了税务管理的效率和准确性，也显著降低了涉税风险。通过集成和分析大数据，C企业能够更好地理解和适应不断变化的税收环境，同时优化税收策略，增强决策支持。系统的实时更新和信息共享机制，确保了税务合规性和政策的及时响应。这一全面的、层次化的智慧税务管理体系不仅为C企业自身带来了巨大的效益，也为其他企业在税务管理智能化方面提供了一个可借鉴的成功案例。

（四）C企业智慧税务管理实践成果

　　C企业智慧税务智能化管理体系的建设实践成果是多方面的，彰显了在现代企业税务管理领域的创新。这一体系在整合业务、财务、税务和票据管理的基础上，不仅优化了管理流程，还提升了税务管理的信息化和自动化水平。以下是C企业在智慧税务管理实践中取得的六个主要成果。

1.构建了税务管理标准体系

　　C企业成功构建了一套全面的税务管理标准体系。这一体系的实施推进了税收政策和企业税务管理制度的全面落地。通过明确岗位责任、理清业务流程以及明确数据的源头和输出结果，C企业实现了全集团税务管理的标准化、规范化和精细化。这种系统性的方法有效解决了现有工作中的痛点和难点问题，为企业提供了清晰的操作指引和决策支持。

2. 打通断点，消除了信息孤岛

在"业财、税企、银企"关系中，C企业实现了断点的打通和信息孤岛的消除。通过建立一个端到端的业务链路，企业提高了纳税申报的准确性和办税的效率，减少了手工操作的比例。这使税务管理者能够把更多的时间和精力投入风险管控、税务筹划等更有价值的业务中。

3. 实现税务风险的高效管理

C企业通过梳理外部政策和内部制度，细化了风险防控清单。通过固化风险识别规则、优化风险应对方案和量化风险评价结果，实现了风险的"快速识别、分级预警、科学应对、可防可控"。这一做法大幅提升了全集团的税务风险管控能力。

4. 数据共享和大数据分析

基于"业财税票"的数据共享，C企业引入了大数据分析和可视化技术。这不仅及时准确地反映了税务运行情况，还提升了上级组织对下级单位的管控能力，实现了"以数治税"的现代化税务管理理念。

5. 税收优惠政策的充分利用

C企业通过筹划事项清单管理、流程落地、共享应用，支持各级单位充分利用税收优惠政策。C企业通过科学的税费测算和税务筹划方案，合规优化税负水平，合理安排支付头寸。这一做法不仅提升了税务管理的价值创造能力，也为企业带来了实质性的财务效益。

6. 税务功能服务化

依托智慧税务管理系统，C企业实现了发票开具、认证及纳税申报等税务功能的服务化。这为集团所有子公司及部门提供了功能强大、运行稳定、更新及时的公共服务，支持各类业务对税务需求的快速响应。这一做法不仅提高了整个集团的运营效率，也为业务创新提供了坚实的税务支持。

三、智能税务管理启示

C企业智慧税务智能化管理体系的案例给人们提供了对智能税务管理的深刻启示。在当前这个快速变化的税务环境中，企业需要采用先进的数字技术，提高税法遵从度，并加强自身的税务智能化管理能力。

（一）业财税深度融合

智能税务管理中最核心的概念之一是业财税的深度融合。在传统模式下，业务、财务和税务往往是分割的，信息流转不畅会导致这些数据出现重复和各部门策略不一致的情况。而在智能税务管理下，这三者融合为一个无缝的整体，为企业提供了一种全新的工作方式。

在集成的系统中，从业务活动到财务记录再到税务申报，所有环节都紧密连接，信息实时共享。这种一体化的信息流有效减少了数据的冗余和错误发生的概率，提高了报税的准确性和效率。这种融合有助于企业在遵守税法的同时，优化税务策略。由于数据和流程的一体化，企业能够更准确地理解税法要求和业务实践之间的差异，从而在确保合规的基础上，找到最优的税务策略。深度融合还意味着税务信息系统与企业的其他业务系统能够无缝对接。这不仅提升了数据处理的效率，还使企业能够更快地响应市场变化和政策调整，提升整体运营效率。

（二）智能税务管理要保证税法遵从度

随着税务法规的不断变化和越来越复杂，保证税法遵从度成为企业的一个重要任务。智能税务管理系统通过提供实时的政策更新和自动化的合规检查，帮助企业轻松应对这一挑战。

智能税务管理系统能够实时跟踪税法的变化，及时更新企业的税务策略和操作。这种实时性对于企业来说至关重要，确保了企业在任何时候都能符合最新的税法要求，避免因遵从不当而产生的罚款或法律风险。通过智能系统的自动化功能，企业能够有效减少人为错误和漏洞。系统自动执行的合规检查确保了所有税务申报和计算的准确性，减少了企业因错误申报或遗漏而面临的风险。智能税务管理系统提高了企业的社会信誉。合规的税务活动不仅减少了企业面临的法律和财务风险，还提升了企业在股东、客户和公众眼中的形象，为企业的可持续发展奠定了坚实基础。

（三）税收成本管理是智能税务管理的重要任务

智能税务管理在控制税收成本方面发挥着重要作用。通过精确的税收预测和筹划，智能系统帮助企业优化资金流量，提升财务健康和竞争力。

智能税务管理系统能够提供精确的税收预测，帮助企业更好地规划其财务和运营活动。通过对历史数据和市场趋势的分析，企业能够合理预测未来的税负，避免意外的税务费用，确保财务规划的准确性。而且，系统能够识别企业适用的税收优惠政策，并提出有效的税务筹划方案，帮助企业在符合法律要求的前提下，降低税务成本，优化资金使用。更重要的是，通过提供实时、准确的税务信息，管理层能够做出更加明智的投资和运营决策，提升企业的整体财务健康和市场竞争力。

（四）智能税务管理有利于风险管理与筹划

智能税务管理系统在风险管理和税务筹划方面提供了强大的工具和解决方案。通过风险预警、自动化合规检查，以及税务筹划的支持，系统为企业提供了强有力的风险控制和税收优化手段。比如，系统通过分析交易模式、历史数据和市场动态，可以及时发现不合规或异常的税务行为，帮助企业预防潜在的税务问题。通过自动审查交易记录和报表，系统可以识别和纠正潜在的错误，减少因不合规而产生的风险和成本。还有，系统能够分析企业的财务状况和市场环境，提出合理的税务筹划建议，帮助企业合法地优化税负，实现税收效益的最大化。

第三节　智能预算管理

一、智能化时代的预算管理

（一）预算管理基本介绍

预算管理是一个综合性的财务规划和控制过程，涵盖了组织从预算制订到执行再到评估的整个周期。在本质上，预算管理是一种将组织的战略目标转化为具体的财务指标和操作计划的过程，涉及收入、成本、资本支出，以及其他财务资源的分配。预算管理不仅是一种财务工具，更是一种管理哲学，强调战略导向、资源优化和绩效评价，以支持组织的长期成功和可持续发展。

预算管理之所以重要，是因为其在协调组织的财务资源分配、支持决策过程和提高经营效率方面发挥着核心作用。一个有效的预算管理系统能够将组织的长期战略目标转化为具体的财务目标和操作指标，为管理层提供一个明确的方向和路线图。预算管理作为一种管理工具，也能够帮助组织实时监控和控制成本，确保资源的最优化利用。在一个快速变化的市场环境中，灵活和动态的预算管理成为企业适应市场变化、优化运营效率、提升竞争力的关键。

预算管理的主要内容分为三个核心板块：战略规划与预算制订、预算执行与监控，以及绩效评估与反馈。

1.战略规划与预算制订

在这一阶段，预算管理的重点在于将组织的长期战略目标转化为具体的财务计划。这不仅涉及收入和成本的预估，更重要的是将资源分配到能够产生最大价值的领域的方法。在这一过程中，企业需要对市场趋势、竞争环境和内部能力进行深入分析，确保预算计划与组织的整体战略相一致。企业在制订预算时也需要考虑潜在的风险和不确定性，制订灵活的预算方案以应对未来的变化。

2.预算执行与监控

在预算执行阶段，企业应有效地管理和控制预算的实施。这包括实时跟踪收入和支出，确保符合预算的指导。在这个过程中，预算管理的新意体现在其实时性和灵活性。随着市场环境和内部条件的变化，预算管理需要能够及时调整计划，优化资源配置。通过使用先进的数据分析工具和技术，管理者可以更准确地监控财务绩效，及时发现偏差并采取纠正措施。

3.绩效评估与反馈

预算管理的最后阶段是对已执行预算的绩效进行评估，并根据评估结果进行反馈和调整。这一阶段的关键在于理解预算执行与组织绩效之间的关联，并从中获取洞察以支持未来的决策制订。绩效评估不仅关注财务指标的达成，更重要的是评价预算计划对于组织战略目标的贡献。通过这种持续的反馈循环，企业能够不断优化其预算管理过程，提高决策质量，推动长期的业务增长。

（二）全面预算管理介绍

全面预算管理是一个在智能化时代背景下的先进企业财务管理概念，代表了预算管理从传统的静态、控制型模式向更动态、赋能型的转变。在多变的市场环境下，全面预算管理体系的实施不仅是企业财务智能化转型的关键环节，也是提升企业灵活性、适应性和竞争力的重要手段。

在全面预算管理体系下，企业的预算管理定位发生了显著的变化，从传统的管控型预算管理，转变为更加注重赋能和支持业务的模式。这种转变体现在预算管理不再仅仅是作为一种财务控制工具，而是成为指导企业战略实施和日常运营的重要手段。预算管理的聚焦点从静态的目标完成转移到对企业动态运营的实时指导和支持，使预算工作更加紧密地与企业的实际运营和市场变化相结合。

在全面预算管理体系中，预算内容也发生了深刻的变化。年度预算模型和滚动预算模型向轻量化和精细化转变，这意味着预算不再是一个笨重、一成不变的框架，而是变得更加灵活和适应业务需求。轻量化的预算模型便于快速调整和更新，能够更好地适应市场和业务的变化。精细化的经营预算则关注更细致和实际的运营活动，助力企业在复杂多变的市场环境中做出更加精准和有效的决策。

（三）智能预算管理的优势

智能预算管理作为现代企业财务管理的前沿实践，正在彻底改变企业预算编制和执行的方式。这种管理方法的核心是利用最新科技，如人工智能、大数据分析和云计算，来实现预算管理的自动化和智能化。智能预算管理有以下几点优势。

1. 自动化与智能化的集成

传统的预算管理通常依赖人工收集数据，这个过程耗时且容易出错。而智能预算管理通过自动化工具收集数据，减少了人为错误的可能性，并显著提高了数据处理的效率。利用人工智能技术，比如机器学习和预测分析，智能预算管理能够从大量的历史和实时数据中提取有用的信息，为预算决策提供更准确的依据。这种深度的数据分析和预测能力，使企业能够更好地适应市场变化，提前规划和应对潜在的财务挑战。

2. 实时、动态的财务预测和分析

在传统预算模型中，预算通常是基于过去的表现和假设的市场条件制订的，一旦完成就很少进行调整。而在智能预算管理中，预算是持续更新的。借助先进的分析工具，企业可以不断监控市场动态和内部运营情况，及时调整预算以适应这些变化。这种动态调整使企业能够更灵活地应对市场波动，能够降低风险，同时抓住新的商业机会。

3.增强战略决策支持

智能预算管理强化了预算在战略决策中的作用。通过整合财务数据与业务信息，智能预算不仅是一个财务规划工具，还是指导企业战略方向的关键因素。这种预算管理方法使财务团队能够更加深入地参与业务规划和战略制订，确保财务资源的有效分配和利用。智能预算管理还促进了跨部门之间的沟通，使不同部门的目标和预算更加紧密地结合在一起，共同推动企业的发展。

4.数据驱动和场景化预算

智能预算管理的一个显著优势是其数据驱动和场景化。在这种管理模式下，预算决策是基于大量实时数据和深入分析的。这些数据不仅包括传统的财务数据，还包括市场趋势、客户行为、竞争对手动态等非财务数据。这种全面的数据视角使预算更加准确和有针对性。智能预算管理还支持场景化预算，即针对不同的业务场景制订特定的预算策略。这种方法使预算更加灵活和贴近实际业务，能够更好地支持企业的特定需求和目标。

二、企业智能预算管理实践案例

（一）M集团智能化全面预算管理实践过程

M集团作为一个业务迅速扩展和规模不断增长的企业集团，随着该集团业务类型的多样化和业务规模的扩大，M集团面临着日益复杂的管理挑战。传统的财务和预算管理方法已无法满足M集团日益增长的需求，特别是在精细化管理和快速决策支持方面。因此，实现管理的精细化、智能化和自动化成为 M 集团未来发展的重要任务。这不仅是提高效率的需要，也是为了增强集团的竞争力和适应市场变化的能力。

为了应对这些挑战，M 集团开始投资实施财务智能化转型战略，重点是开展预算基础平台的建设。这一转型的目的是深化全面预算管理变革，推动建设一个覆盖全集团、全业务的预算管理体系。通过这一体系，M 集团希望能够实现更加精细化和系统化的预算管理，以支持其快速扩展的业务和快速发展的管理需求。

在这一过程中，M 集团的智能化团队进行了全面和深入的梳理，分析了集团自身的预算发展历程和管理现状。这不仅包括内部的自我评估，也包括引入外部专业咨询机构的力量。结合成熟的全面预算管理咨询方法论和行业领先经验，M 集团成功描绘了其预算管理的发展蓝图和规划路径。

M 集团还重点搭建了业财融合的预算管控体系和一体化的信息化运营管理平台。这个体系不仅整合了财务和业务数据，还提供了高效的预算控制和分析工具。这一体系的建立使 M 集团能够更准确地进行财务预测，更有效地监控预算执行情况，并能够及时调整预算以适应市场和业务的变化。

M 集团的智能化全面预算管理实践不仅是对其财务管理模式的一次重大升级，也是对整个组织管理模式的革新。通过这种智能化和全面的预算管理方法，M 集团能够更有效地支持其快速增长的业务，提高管理效率和决策质量，最终增强其在市场中的竞争力。

（二）M 集团智能化全面预算管理体系

M 集团的智能化全面预算管理体系是其财务智能化转型的一个重要成果。这一体系通过科技和策略的深度融合，显著提升了集团的预算管理能力。智能化全面预算管理体系不仅优化了财务运作流程，而且加强了组织的决策支持和业务发展能力。M集团智能化全面预算管理体系分为以下几个方面，如图6-2所示。

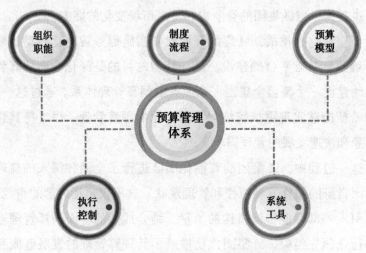

图6-2　M集团智能化全面预算管理体系

1. 组织职能

M集团在组织职能方面进行了显著改进。通过建设科学高效的组织架构，M集团明确了部门间预算管理的职能界限和沟通机制。这一举措确保了工作的衔接顺畅，实现了组织高效运营。各部门预算管理的工作岗位也得到了明确，每个岗位的职责都基于"量化衡量、清晰边界"的原则，确保每个部门和员工都能明确自己在预算管理中的角色和责任，从而提升了整个组织的效率和透明度。

2. 制度流程

在制度流程方面，M集团制订了全面且完善的预算管理制度。这包括明确各部门、各岗位的预算管理流程，并在全集团范围内对这些制度流程进行统一的宣贯。这种做法确保了各部门在开展预算工作时能够"有据可依"，为整个集团的预算管理工作提供了坚实的制度支撑。这样的流程标准化不仅提高了预算管理的效率，也降低了误差和风险。

3.预算模型

在预算模型方面，M集团构建了与其业务发展高度契合的模型。这些模型能够实现研发、生产、采购、销售、费用等环节预算的灵活编制，并通过各环节的联动和自动取数功能，达到智慧编制的目的。这种预算模型的灵活性和高效性，使M集团能够迅速适应市场变化，同时确保预算计划的精确性和实用性。

4.执行控制

在执行控制方面，M集团搭建了完善的预算控制执行框架。这个框架根据管理需求设定了既刚性又灵活的管控及考核策略，能够在不影响业务发展的前提下实现降本增效的目标。这种平衡了效率和灵活性的控制机制，使预算管理既能够保证组织的财务健康，又能支持业务的创新和发展。

5.系统工具

在系统工具方面，M集团实现了各系统工具的高度集成，完成了财务数据与业务数据的融合共享。这种集成不仅提升了数据处理的效率，还增强了数据分析的深度和广度。自动化的分析报表工具使业务和财务人才能从烦琐的基础工作中解放出来，转而集中精力于价值型分析或决策支持。这种高度集成的系统工具，为集团提供了强大的数据支持，使决策过程更加精准和高效。

M集团的智能化全面预算管理体系是一个综合性的、多方位的管理改革。M集团不只在技术层面上实现了创新，而且在组织结构、制度流程、预算模型、执行控制和系统工具等多个方面都进行了深度的整合和优化。这种全面的预算管理体系使M集团能够以更高的效率和精确性，支持其业务的发展和战略实施，为未来的成长和成功打下坚实的基础。

（三）M集团智能化全面预算管理实践成果

M集团通过财务智能化转型实施的智能化全面预算管理体系，取得了显著的实践成果。这些成果不仅表现在预算管理的效率和精确性上，还体现在对企业整体运营和战略决策的支持上。下面是M集团智能化全面预算管理实践的五大成果。

1. 预算深度融合业务，支撑业务预测

M集团在实施智能化全面预算管理中，特别强调预算与业务的深度融合，这一举措极大地提升了业务预测的准确性。通过考虑行业领先方案的管理特点和集团自身实际情况，M集团制订了一个具有针对性的预算管理方案，该方案不仅覆盖了传统的财务指标，还融入了业务运营的关键数据。这种融合使预算成了一个强大的业务预测工具，帮助管理层更好地理解市场动态和业务趋势，从而做出更加精准的战略决策。这一成果的实现归功于M集团在预算管理中的创新思维，即将企业财务管理与业务策略紧密结合。

2. 构建联动预算体系，实现动态化预算编制

M集团过去在销售、生产、采购等环节的财务预算相对独立，缺乏有效的融合和联动。通过智能化转型，M集团构建了"以销定产，以产定采"的联动预算体系，实现了动态化预算编制。这种联动体系不仅提高了预算的灵活性，而且使预算编制更贴近实际的业务操作。在这个体系中，销售数据直接影响生产计划和采购策略，使整个集团的运营更加高效和协调。这种动态化和整合化的预算编制方法，有效增强了预算管理在市场变化应对中的指导性和实用性。

3. 明确预算管控策略，搭建完善的预算分析框架

M集团的另一个重要成果是预算管控策略的明确和考核分析框架的完善。过去，M集团的预算管理缺乏与其他管理环节的有效串联，缺乏切实可行的管控措施。通过智能化转型，M集团制订了一套体系化的管

控策略，细化了到岗的考核指标体系，确保预算的有效执行。M集团还搭建了一个预算分析框架，使各部门能够及时发现实际运营与预算之间的偏差，并追溯偏差的原因。这种循环管理的方式不仅提高了预算的执行效率，还增强了预算在整体管理中的作用。

4.构建一体化高效运营平台

在实施智能化全面预算管理的过程中，M集团重点构建了一个一体化的高效运营平台。这个平台的设计考虑了M集团复杂多变的管理需求，具备高度的灵活性和智能化功能。通过先进的报表校验逻辑、快速的系统响应速度、灵活的节点开发功能等，这个平台极大地提升了预算各模块的功能性和使用便捷度，不仅强化了预算编制、管控、考核等各环节的功能，还提高了整体的预算管理效率，为M集团的企业财务管理提供了有力支持。

5.打通业务与财务数据通道，推动数据融合进程

M集团在财务智能化转型过程中还重点关注了打通业务与财务数据的通道，推动了数据融合进程。过去，M集团内部的业务信息系统与预算系统及其他财务系统相互孤立，存在大量有效信息沉淀成为数据孤岛的现象。在转型过程中，M集团重新梳理了系统架构，统一了数据口径，明确了数据传输路径，打破了系统间的数据隔离，实现了数据的融合和共享。这种系统集成使业务数据能够直接为财务决策所用，而财务数据也能更有效地指导业务发展，从而共同促进了企业价值的创造。

总的来说，M集团在实施智能化全面预算管理过程中取得了显著成果。这些成果不仅体现在提高了预算管理的效率和精确性上，而且增强了预算在企业整体运营和战略决策中的支持作用。通过这些实践，M集团成功地将企业财务管理提升到了一个新的水平，为其在激烈的市场竞争中保持领先地位提供了坚实的基础。

三、智能预算管理启示

M 企业集团的智能预算管理实践为企业财务管理智能化转型提供了深刻的启示。这些启示不仅展示了智能预算管理在提高效率和实现战略目标方面的重要作用，还指出了企业在实施这一转型过程中需要考虑的关键因素。以下是基于 M 企业集团实践得出的智能预算管理的几个关键启示。

（一）预算管理要与业务战略紧密结合

M 集团的实践明确显示，预算管理与业务战略的紧密结合对于实现财务智能化转型至关重要。在这种模式下，预算管理不再仅仅是关于数字的游戏，而是变成了一种战略工具，用于推动企业的长期目标和战略实施。这种结合确保了预算决策与企业的整体方向和目标保持一致，使预算管理过程更具有前瞻性和指导性。通过智能化的工具，企业能够有效地将其长期战略分解为具体的、可执行的财务目标，确保每一笔支出都有助于推进企业的整体战略。这种紧密结合还增强了预算在组织中的透明度和参与度，鼓励跨部门合作，确保不同业务单元的目标和预算计划相协调，共同推动企业战略目标的实现。

（二）智能预算要实现自动化与系统集成

M 集团的案例还强调了预算自动化和系统集成的重要性。通过建立一体化的预算管理平台，M 集团实现了预算编制、执行和监控的自动化。这种自动化大幅提升了预算管理的效率，减少了人为错误，确保了财务数据的准确性和及时性。系统集成确保了财务数据和业务数据的无缝对接，从而避免了数据孤岛的问题，提高了数据的完整性和准确性。这种集成不仅提高了数据处理的效率，还使预算管理能够更加快速地响应业务需求和市场变化。通过这种集成，财务团队能够获得更全面的视角，对业务运营的影响和趋势有更深入的理解，从而为管理层提供更加准确和及时的决策支持。

（三）智能预算管理可以提升预算的灵活性和适应性

智能预算管理还显著提升了企业的灵活性和适应性。传统的预算模式通常比较僵化，一旦确定就难以调整。然而，M集团的智能预算管理体系允许企业在面对市场和业务环境变化时，能够灵活地调整预算。这种动态调整能力是企业在竞争激烈的市场环境中保持竞争力的关键。在智能预算管理体系下，企业能够快速响应市场变化，及时调整资源分配和支出优先级，从而确保业务策略和预算计划始终保持同步。这种灵活性和适应性不仅能帮助企业更好地应对不确定性，还有助于抓住市场上出现的新机会。

（四）智能预算管理可以提升预算管理的全面性

M集团的实践还突出了在智能预算管理中提升了预算管理的全面性。通过构建全面的预算管理体系，企业不仅能够对财务指标进行管理，还能够涵盖非财务指标，如市场份额、客户满意度等，为企业提供更全面的视角。这种全面性使预算管理能够更好地支持企业的整体运营和长期发展。例如，通过跟踪和分析非财务指标，企业能够更好地理解市场动态和客户需求，从而做出更加精准的预算决策。这种全面性还有助于企业识别和利用跨部门协同的潜在机会，提升整个组织的效率和效果。通过智能化的工具和平台，企业能够实现数据的集中管理和分析，从而确保预算管理既全面又深入，真正成为推动企业成长的关键因素。

总结来说，M集团的智能化全面预算管理实践为其他企业提供了宝贵的经验。这些启示对于任何寻求通过企业财务管理智能化转型来提升预算管理效果的企业都是极具价值的。

第四节　智能投融资管理

一、智能化时代的投融资管理

（一）投资管理基本介绍

企业的投资管理是一个关键的财务和战略活动，涵盖了从资本配置到资产管理的多个方面，关乎有效地利用企业资源进行投资以实现长期的增长和盈利目标的方法。在现代企业经营中，投资管理的重要性日益凸显，直接关系到企业的财务健康、市场竞争力，以及持续增长的能力。

投资管理在本质上是关于最有效地分配和利用企业的资本资源的方法，不仅涉及金钱的投放，更关注投资的长期价值和风险。这一过程包括识别和评估潜在的投资机会，决定投资项目以及资金分配。投资可以是内部的，如研发新产品、扩大生产能力，也可以是外部的，如并购、股权投资等。有效的投资管理要求企业不仅要考虑投资的财务回报，还要考虑投资与企业整体战略的匹配度，以及投资带来的风险。

企业进行投资管理的根本原因在于其对于长期成功和持续增长的关键作用。有效的投资管理使企业能够合理地分配和利用其有限的资源，以实现最大的经济效益和市场竞争力。通过投资项目的选择和管理，企业能够创造新的收入来源，提高盈利能力，同时扩大其业务范围和市场份额。这些投资不仅可以是新产品的研发，也可以是扩展现有业务或进入新市场的战略举措。正确的投资决策可以带来显著的回报，有助于企业在财务上实现长期稳定和增长。而且，多元化的投资组合可以帮企业分散单一市场或产品的风险，降低经济周期波动对企业的影响。

（二）融资管理基本介绍

融资管理的核心任务是确定企业的资金需求，并找到满足这些需求的最佳途径。这一过程要求企业在各种融资渠道（如股权融资、债务融资、内部融资等）之间做出选择，并考虑每种融资方式的成本和风险。融资决策应与企业的整体战略和财务目标相一致，以确保融资活动能够支持企业的发展需要，同时不过度增加财务负担。

融资活动直接影响到企业的资金供应，这是企业进行各项活动的基础。没有稳定的资金来源，企业就无法进行有效的运营和扩张，也无法在竞争中保持优势。有效的融资管理不仅要求企业有足够的资金来支持日常运营和长期投资，还需要能对企业的资本结构进行优化，以降低整体融资成本。这需要企业在债务和股权融资之间找到合适的平衡点，以保持财务稳定性和灵活性。企业还需要管理融资过程中的风险，包括信用风险、利率风险和流动性风险等。可见，融资管理是确保企业财务健康、支持其长期发展和增长的关键活动，不仅关系到企业能否有效地利用现有资源，还影响到企业未来的发展方向和市场地位。

（三）智能投融资管理的特点

智能投融资管理作为一种现代企业管理的新趋势，其核心在于利用最新的技术手段来优化企业的投融资活动。这种管理方式呈现线上化、自动化和智能化三大特点。

1.线上化

线上化的特点是智能投融资管理的基础。传统的投融资活动通常依赖大量的纸质文件和记录，这不仅效率低下，而且容易出错。在企业规模扩大、业务量增加的情况下，依靠纸质文件进行管理变得越来越不切实际。线上化的投融资管理将所有相关的业务流程、文档和记录转移到数字平台上。这种转换带来了多方面的好处，比如数字化的文件易于存储、检索和共享，极大地提高了信息的可访问性和处理效率。线上化的流程使审批和决策过程更加快速和透明，减少了传统纸质流程中的时间延误和沟通障碍。线上化还为企业提供了更高的数据安全性和合规性，确保了对敏感财务信息的保护。

2. 自动化

自动化特点使投融资管理更加高效和准确。自动化的审批流程利用机器人流程自动化技术，能够自动捕获和处理申请信息，高效地进行材料匹配和合规性检查。这种自动化不仅加快了审批过程，还减少了人为错误和主观干预的可能性。自动化归档系统能够将完成的业务按类别整理归档，方便未来的数据检索和分析。这种自动化的投融资管理有效减轻了财务部门的工作负担，提高了企业整体的运行效率。通过自动化，企业可以将人力资源从烦琐的行政工作中解放出来，专注于更高价值的战略规划和决策制订。

3. 智能化

智能化特点是智能投融资管理的高级阶段。这一特点涉及使用人工智能技术对大量的投融资数据进行深入分析和解读。在融资领域，通过人工智能工具的帮助，企业能够进行更精确的财务分析和预算规划，如利用机器人顾问对融资数据进行定量分析和智能解读，从而更合理地规划企业的融资预算。在投资领域，智能工具可以帮助企业分析市场趋势、评估投资项目的潜在价值和风险，甚至根据投资者的风险偏好设计个性化的资产组合。智能化的投融资管理不仅提高了决策的科学性和准确性，还使企业能够更快速地响应市场变化，把握投资机会。

二、企业智能投资管理实践案例

（一）H投资机构智能投资管理实践背景

H投资机构在传统的投融资领域面临着显著的挑战。随着投资项目的日益复杂和多样，传统的手动尽调、投资决策和投后管理方法已经无法满足快速变化的市场需求。尤其是在尽调阶段，H 投资机构依靠人力进行账目分析和问题识别不仅耗时长、成本高，而且容易出错。在投资决策方面，H 投资机构过分依赖个人经验和会计技能的传统模式，无法充分利用大数据和市场动态。H 投资机构的投后管理常常面临着数据不及时、分析效率低和风险控制不足的问题。

这些挑战促使 H 投资机构寻求更加高效、精准和系统化的管理手段，以提高其投融资活动的效率和效果。智能化的投资管理利用最新的技术，如人工智能和大数据分析，为 H 投资机构提供了解决这些挑战的可能性。通过智能化工具，H 投资机构能够实现数据的快速处理和分析，提高决策的科学性，并有效管理投后风险。因此，H 投资机构着手实施智能投资管理实践，决定通过投资管理机器人开展智能化投资尽调、投资决策与投后管理活动。

（二）H 投资机构智能投资管理实践过程

H 投资机构的智能化投资管理实践主要围绕三个核心环节进行：智能化尽调、智能化投资决策和智能化投后管理。

1.智能化尽调

在智能化尽调方面，H 投资机构利用投资管理机器人，通过自动化工具和算法对潜在投资项目进行深入分析。这些机器人能够快速地处理大量的财务数据，识别关键问题点，从而缩短尽调周期，降低成本，并提高数据质量。精算预测功能使数据评估更精准，而业务模型的细粒度分析则确保了尽调过程的全面性和效率。

2.智能化投资决策

在智能化投资决策方面，H 投资机构建立了全业务流程动态模型技术，创建了智能化的业财模型。这个模型基于尽调数据，涵盖数百个核心参数, 能够全面地展示和反映项目情况。相较于传统的投资决策, 这种智能化方法使投资决策委员会能够基于数据来做出更科学、全面的决策, 即使是没有财务基础的人员也能基于这个业财模型做出准确的判断。

3. 智能化投后管理

在智能化投后管理方面, H 投资机构的投资管理财务机器人可以直接获取被投企业的业务财务数据, 实现远程、精准、高效的管理。这不仅提高了数据的及时性、精准性和全面性, 还提高了投后管理的效率和风险控制能力。机器人可以全面监控被投企业的账户, 实时打通业务和财务系统, 确保数据的真实全面。机器人还能自动进行全面的财务分析, 辅助投资管理人员做出及时的风险监控和决策。

(三) H 投资机构智能投资管理实践成果

H 投资机构在实施智能化投资管理后, 其在尽调、投资决策和投后管理等方面取得了突破性的成果。

1. 尽调

在尽调方面, H 投资机构利用智能化方法大幅缩短了尽调时间, 提高了数据的质量和真实性。智能化尽调不仅加快了信息处理速度, 还通过精确的数据分析确保了尽调的全面性和深入性。这种方法使 H 投资机构能够更加迅速和全面地评估潜在投资项目, 从而显著降低了投资风险。通过智能化尽调, H 投资机构能够快速获取、处理和分析大量复杂的财务数据, 有效地识别潜在的风险和机会, 使投资决策更加科学和合理。

2. 投资决策

在投资决策方面, H 投资机构通过应用智能化的业财模型, 获得了更全面和精准的数据支持。这种模型结合了全业务流程动态模型技术, 涵盖了数百个核心参数, 使投资决策更加全面和客观。智能化业财模型的应用提供了全方位的项目展示, 使投资委员会能够基于全面、及时、精准的数据做出决策。这种决策方式减少了依赖个人经验和直觉的不确定性，提高了投资决策的成功率。

3.投后管理

在投后管理方面，智能化方法的应用显著提高了数据的及时性、精准性和全面性，提高了风险控制和管理效率。H投资机构可以有效监控被投企业的运营和财务状况，及时发现并应对潜在问题。智能化工具使投后管理人员即使没有财务基础也能轻松获取和理解相关数据，深入理解数据背后的业务逻辑。智能化投后管理还提供了全面的财务分析，包括收入构成、成本、人均产能等各方面的细致分析，这些分析帮助H投资机构更全面地理解被投企业的业务和财务状况，有效地提升投资决策的准确性。

三、企业智能融资管理实践案例

（一）W集团智能融资管理实践背景

W集团在发展壮大的过程中，面临着融资管理的重大挑战。随着企业规模的不断扩大和业务的多样化，传统的融资管理模式已经无法满足其日益增长的需求。特别是在大型集团的背景下，管理复杂性的显著增加导致了多项难题的出现，这些难题成为推动W集团进行融资管理智能化转型的主要驱动力。

首先，W集团面临的管理难题主要体现在融资需求的多样性和人工审批工作的繁重。集团旗下众多子公司在业务方向、水平和熟悉程度上各不相同，导致提交的融资申请材料在质量上存在显著差异。这些差异不仅增加了审批工作的复杂性，也延长了融资审批的周期，影响了整个集团的业务效率。由于集团成员公司众多，各自的融资需求、频率和产品偏好亦大不相同，使集团母公司在把控全集团融资业务时面临巨大挑战。

其次，融资业务的维护难点在于集团难以及时、全面地了解资产和负债情况。由于传统的融资业务管理主要依赖成员公司的主动上报，而这些上报的时效性、准确性和规范性难以得到有效控制，导致集团无法充分利用整体信用资源，也无法及时发现并调整债务风险。

最后，对于大型集团而言，从众多成员公司收集的融资数据统计和分析工作异常繁重。错误的上报信息会导致统计结果的偏差，而不同公司上报数据的不统一也增加了集团人员的工作负担。

面对这些挑战，W集团认识传统的融资管理方式在效率和成本上的不足，智能化转型成为其解决这些问题的关键。因此，W集团通过实施融资管理智能化转型战略，构建了一套全流程智能融资管理体系。

（二）W集团智能融资管理体系

W集团的智能融资管理体系是一种全面而精细的管理系统，旨在通过智能化技术提高融资管理的效率和效果。这个体系框架涵盖了融资过程的各个阶段，从事前管理到事中管理，再到事后管理，构成了一个全流程的融资管理模式。

1.事前管理

事前管理阶段是这个体系的起点。在这一阶段，W集团的成员公司在智能化平台上提出未来的融资需求。这个阶段的核心是利用集团整体的信用优势和信息优势，为成员公司提供量身定制的融资方案。智能化平台不仅可以提供多渠道、多品种的融资建议，还能帮助成员公司降低融资成本，实现融资产品的多样化。在合同签订之后，智能化平台会自动比对之前的融资申请，以确保融资业务的执行与初衷匹配，并据此对成员公司的融资管理水平进行评估。

2.事中管理

在事中管理阶段，W集团融资的重点转移到放款和还款管理、集团债务余额统计等方面。在这一阶段，智能化平台将自动抓取和导入融资合同中的标准信息至后台数据库。在提款或还款时，智能化平台会匹配相应的融资合同，监控可用额度和执行情况，确保贷款的及时归还。在业务操作完成后，智能化平台会将录入的信息转移到计息负债统计模块和做账模块，自动生成实时的债务和账务情况，显著减少资金管理和财务人才的手工操作量。智能化平台还会自动汇总债务数据，产生各项指标和直观图表，提高了数据处理的效率和准确性。

3. 事后管理

在事后管理阶段，W集团主要关注对已完成业务的总结和对未来改进的思考。智能化平台会记录整个融资流程，对成员公司的融资执行情况（如及时性和准确性）进行量化评估，并产出综合评分、评价报告和改进建议。这些评估结果不仅可以用于比较每次融资业务的进步情况，还可以用来横向比较不同成员公司在集团内的融资水平。

（三）W集团智能融资管理实践成果

W集团在实施智能融资管理后取得了显著的成果，这些成果不仅体现在融资效率的提升上，也显著提高了融资的精准度和风险管理能力，从而为W集团的长期发展和财务健康奠定了坚实的基础。

智能融资管理体系极大提高了融资流程的效率。通过事前管理的智能化操作，W集团的成员公司能够在智能化平台上快速提出融资需求，而智能化平台则能够根据集团整体的信用状况和市场信息，为每个成员公司定制最优的融资方案。这一过程不仅加快了融资方案的制订速度，也确保了融资方案的质量和针对性。在合同签订后，智能平台的自动匹配和审批功能确保了融资业务的执行与初衷相符，降低了人为审批的错误率和时间成本。

在事中管理阶段，智能融资管理体系对放款和还款的管理效率有了显著的提升。智能化平台的自动化数据抓取和导入功能减少了人工操作，同时提高了数据处理的准确性。在这一过程中，智能化平台的实时监控和数据更新功能使融资合同的执行更加透明和高效。通过智能化的数据汇总和图表生成，W 集团能够更直观地了解集团内的融资状况，提高了决策的效率和科学性。

事后管理的智能化也为 W 集团带来了显著的成效。通过平台对融资流程的记录和分析，W 集团能够对成员公司的融资执行情况进行更精准的量化评估。这些评估结果不仅有助于集团监督和指导成员公司提升融资执行水平，也为集团内部的融资管理提供了宝贵的数据支持。通过智能化的总结和反思，W 集团的成员公司能够从每次融资活动中汲取经验，不断提升其融资能力，从而推动整个集团融资水平的持续进步。

总之，W 集团的智能融资管理实践在多个层面取得了显著成效。这些成效共同促进了 W 集团融资管理的整体水平，为 W 集团的稳定发展和竞争力提升奠定了坚实的基础。

四、智能投融资管理启示

通过 H 投资机构的智能投资管理实践和 W 集团的智能融资管理实践，人们可以得到以下关于企业智能投融资管理的重要启示。

（一）智能投融资管理是企业投融资风险把控的有效途径

智能投融资管理在风险控制方面的有效性得到了 H 投资机构和 W 集团实践的证明。这种管理方式利用先进的数据分析和人工智能技术，能够及时识别和预警潜在的风险，从而为企业提供了更强大的风险管理能力。例如，H 投资机构通过智能化工具对投资项目进行全面的风险评估，这不仅涵盖了财务数据的分析，还包括市场趋势、竞争对手情况，以及对宏观经济环境的考量。这种深入和全面的分析使投资决策更加客观和全面，减少了因人为判断偏差所带来的风险。同样，在 W 集团的案例中，智能融资管理系统能够实时监控融资活动，及时调整策略以应对市场变化和信用风险。这种实时监控和动态调整能力是传统融资管理方式难以实现的，使 W 集团能够更加灵活地应对市场波动，及时做出调整，从而有效降低风险。通过这种方式，W 集团能够更加准确地把握融资时机，避免不必要的财务压力和风险积累。

总之，智能投融资管理通过实时的数据分析和监控，为企业提供了更加精准和高效的风险管理手段。这种方式不仅提高了风险识别的准确性，也增强了企业在面对市场变化时的应变能力，从而在保障企业稳定发展的同时，最大限度地减少了投融资活动的风险

（二）智能投融资管理有助于企业决策过程的科学化和系统化

智能投融资管理在促进企业决策过程科学化和系统化方面的作用不容忽视。在 H 投资机构的实践中，智能化的投资管理使投资决策过程更加依赖数据驱动的分析和预测。这种基于数据的决策方法减少了传统经验判断所带来的不确定性和偏见，使投资决策更加客观和准确。例如，H 投资机构运用智能化工具对潜在投资项目进行全面的市场分析、财务评估和风险预测，这些数据驱动的分析为投资委员会提供了翔实的决策依据，从而提高了投资决策的成功率。在 W 集团的案例中，智能融资管理体系通过全面的数据分析，为 W 集团融资策略的制订提供了坚实的数据支持。W 集团能够通过智能化系统对市场趋势、信用状况，以及财务状况进行深入分析，从而制订更合理和有效的融资策略。这种基于数据的策略制订过程有效提高了融资决策的科学性和系统性，减少了决策过程中的随意性和不确定性。

智能投融资管理的这种科学化和系统化对企业的长期发展至关重要。通过对大量数据的分析和挖掘，企业能够更准确地把握市场动态和内部运营状况，从而做出更加合理和有效的投融资决策。这种决策方式不仅提高了决策的效率，也提高了决策的质量，为企业的稳定发展和竞争力提升提供了坚实的基础。

（三）智能投融资管理可以助力企业长期战略规划

智能化投融资管理不仅关注短期操作效率，更企业的长期战略规划提供支持。通过对市场趋势的深入分析和对未来风险的预测，企业能够更好地规划长期发展路径，并做出更加有远见的投融资决策。在 H 投资机构的实践中，智能投资管理工具不仅被用于评估单个投资项目的风险和回报，还被用于理解整个市场的发展趋势和潜在机遇。这种深入的市场分析使 H 投资机构能够识别和把握长期的投资机会，从而在竞争激烈的市场中保持优势。在 W 集团的案例中，智能融资管理系统不仅提高了融资操作的效率，更重要的是，通过对市场环境和内部财务状况的深入分析，为 W 集团的长期融资策略提供了数据支持。这种基于数据的长期规划使 W 集团能够更加合理地安排融资结构，降低融资成本，也为 W 集团的长期发展提供了稳定的资金支持。

可见，智能投融资管理使企业能够在一个更加动态和复杂的市场环境中做出更有远见和更有战略性的投融资决策。通过对市场趋势和内部财务状况的深入分析，企业能够更好地识别长期机会和风险，从而规划出更有效和更可持续的发展路径。这不仅提高了企业应对市场变化的能力，也为企业的长期稳定发展奠定了坚实的基础。

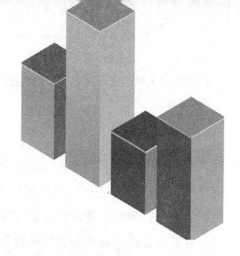

第七章　总结与展望

本章回顾了并精练全书的核心研究结果，总结了智能技术在企业财务管理中的应用实践及其成效，强调了智能技术的革命性影响及其重塑传统企业财务管理模式的方式。本章还展望了未来智能技术赋能下企业财务管理转型的发展趋势，探讨智能技术在企业财务领域未来可能的发展方向，描绘一个更加高效、透明、可持续的企业财务管理新时代。

第一节　研究结论

本书深入探索了智能技术重塑现代企业财务管理转型的方法。全书通过分析智能化技术的基本理论、实际应用案例，以及智能化技术在不同企业财务管理领域的实践，为读者提供了一个全面的视角，展现了智能化转型在企业财务管理中发挥的重要作用。

第一章和第二章分别对智能技术和企业财务管理的基本理论进行了概述，解释了智能技术在企业财务管理中的应用场景，并讨论了企业财务管理的基本概念和智能化转型的发展阶段等。这些章节为后续的深入讨论奠定了理论基础，明确了智能技术在企业财务管理中的潜在价值和实践意义。

第六章聚焦智能化技术在特定企业财务管理领域的应用，如成本管理、税务管理、预算管理，以及投融资管理。每个领域都通过具体的案例分析，展示了智能化技术优化相关的财务流程和决策的方式。例如，在智能成本管理中，智能技术通过提供更精确的成本分析和预测，帮助企业更有效地控制成本和提升运营效率。在智能税务管理中，智能技术的应用简化了复杂的税务流程，确保了合规性，并提高了税务处理的效率。在智能预算管理中，智能技术通过优化数据驱动的决策过程，使预算编制和执行更加精确和高效。在智能投融资管理中，智能技术的应用不仅提高了融资效率，还增强了投资决策的准确性。

通过对这些不同领域的深入分析，本书展现了企业财务管理智能化转型的全貌。智能化技术的应用不仅能够改善单个财务流程，更重要的是，还能带来了整个企业财务管理方式的根本变革。这种变革体现在决策过程的科学化、系统化和自动化上。这种变革使企业能够更加高效、准确地处理财务信息，从而在竞争日益激烈的市场环境中获得优势。

通过以上介绍，人们可以得出以下有关企业财务管理智能化转型的关键结论。

第一，智能化技术对于企业财务管理的转型不仅是一种工具的更新，更是一种全面的战略变革。这种变革涉及企业财务管理的每个方面，从日常的账务处理到长期的战略规划。智能化技术，如人工智能、机器学习和大数据分析，为企业提供了前所未有的数据处理能力和洞察力。这不仅使财务流程更加高效和精准，也为企业决策提供了更强大的数据支持。

这一结论是基于对智能技术在企业财务管理各个方面应用的深入研究得出的。如第三章所展示的，通过财务机器人、智能引擎、OCR 技术等具体案例的分析，读者可以看到企业利用这些技术优化财务流程的方式。而在第四章中，通过对财务共享服务模式的讨论，读者进一步理解了智能化技术帮助企业实现企业财务管理的集中化和标准化的途径，从而提升整体企业财务管理的效能。在第六章中，智能技术不仅改变了财务数据的处理方式，还影响了企业进行成本管理、税务管理、预算管理、投融资管理的方法。通过智能技术的应用，企业能够更有效地处理大量数据，提高数据分析的准确性和速度，这对于提升决策质量至关重要。

因此，智能化技术在企业财务管理中的应用远远超越了单一的工具更新，要求企业在企业财务管理的思路、流程、技术应用等多方面进行全面的战略性变革。

第二，智能化转型不仅改善了企业的内部财务管理流程，还提升了企业对外部市场变化的适应性和应对能力。通过实时的数据分析和预测，企业能够更快地响应市场变化，做出更加合理的财务决策。这种快速反应能力在当今快速变化的商业环境中至关重要。

这一结论得益于笔者对智能技术在实时数据分析和预测方面的应用分析。比如，在第二章中，智能化转型的价值意蕴部分提到，智能化技术使企业能够即时把握市场动态，快速响应外部变化。通过分析大数据，企业可以更准确地预测市场趋势，从而做出更符合市场需求的财务决策。在第六章的智能投融资管理部分，通过分析企业智能投资管理和融资管理的实践案例，读者看到企业利用智能化工具优化资金配置、降低融资成本、提高投资回报的方案的方法。智能化技术的应用，特别是在数据分析和预测方面的应用，能帮助企业更好地理解并适应市场变化，从而使企业在竞争激烈的市场中保持优势。

第三，智能化企业财务管理转型的成功不仅取决于技术的应用，还需要企业在组织结构和文化上做出相应的调整。这意味着智能化不仅是财务部门的变革，还需要企业层面的战略规划和支持。企业需要建立适应智能化的组织结构，培养适应新技术的财务人才，并营造鼓励创新和技术应用的企业文化。

这一结论来自笔者对智能化技术对企业内部管理模式影响的分析。第五章特别是在讨论财务组织建设、制度体系建设和财务人才培养时，强调了企业需要调整组织结构，以适应智能化带来的新要求。企业需要建立更加灵活和适应新技术的组织结构，培养具有数据分析能力和技术应用能力的财务人才，还需要营造一个鼓励创新和技术应用的企业文化。

在智能化转型的过程中，企业的财务部门不再仅仅是数据处理和报告的角色，而是转变为提供洞察和支持决策的重要部门。这种转变要求财务人才具备更高的技术能力和战略思维能力，也要求企业领导层对企业财务管理的作用和地位有新的认识。

第四，智能化企业财务管理转型也带来了新的挑战，特别是在数据安全和隐私保护方面。随着越来越多的财务数据被数字化和网络化处理，企业需要建立更加强大和可靠的数据安全机制，以保护敏感的财务信息不被泄露。

这一结论得出于笔者对智能化技术应用中数据处理和存储的分析。第三章通过分析财务机器人、智能引擎等智能技术的应用，强调了数据的安全性和准确性对于智能化企业财务管理的重要性。随着越来越多的财务数据在云平台上处理和存储，企业需要建立更加强大和可靠的数据安全机制，以防止数据泄露或被滥用。在第五章的制度体系建设部分，笔者特别提到了需要建立健全的数据管理和使用制度，制订技术标准和操作规范。这不仅包括技术层面的安全措施，如加密技术和访问控制，还包括管理层面的措施，如数据使用政策和员工培训。数据安全和隐私保护的重要性在智能化企业财务管理中不容忽视，企业必须在这方面投入相应的资源和注意力，以确保智能化转型的顺利进行。

总之，企业财务管理智能化转型是一个全方位、多层次的过程，要求企业在技术、组织、文化等多个层面上进行调整和创新。通过这种转型，企业不仅能够提升企业财务管理的效率和精确度，还能够增强其市场竞争力和长期可持续发展能力。这些结论不仅为企业提供了智能化企业财务管理转型的指导，也为企业财务管理领域的研究提供了新的视角和思考。

第二节　未来展望

智能技术在企业财务管理中的不断深入应用，让企业站在了一个新时代的门槛上。这些变革将共同塑造企业财务管理的未来。在这个前所未有的转型时期，这些趋势的探索不仅揭示了潜在的挑战，也预示着无限的机遇。

一、智能技术在财务预测和风险评估中的进阶应用

虽然人工智能在数据处理和分析方面的应用已被广泛讨论，但其在财务预测和风险评估方面的进一步应用是未来的一个重要趋势。随着智能技术在企业财务管理领域的深入应用，特别是在财务预测和风险评估方面，企业正处于一个关键的转折点。在未来，随着更高级的机器学习算法和更大规模数据集的应用，企业将实现更加精准、深入的市场趋势预测和风险评估，从而显著提升财务决策的质量和效率。这一变革将通过一系列创新和实际应用场景体现。

未来的企业将能够利用基于深度学习的预测模型，实时分析全球经济指标、行业动态、消费者行为乃至社交媒体趋势等多元数据，从而提前洞察市场波动和消费趋势。如今，部分零售企业已经开始分析社交媒体数据和消费者在线行为，预测即将到来的购物潮流和消费者偏好的变化，从而提前调整库存策略和定价模型，优化库存管理并最大化利润。金融服务机构可以通过分析大量的交易数据、市场报告和政策变化，准确预测股票市场和利率的走势，为投资决策提供坚实的数据支持。

在信用风险评估方面，借助于机器学习技术的高度发展，企业将能够构建更复杂和精准的信用评分模型。这些模型不仅会考虑传统的信用历史和财务数据，还会综合评估包括社交媒体行为、消费习惯和个人生活方式等非传统数据，从而提供更全面的信用评估。银行和金融机构能够利用这些模型更准确地评估贷款申请者的信用风险，降低违约率，同

时为不同信用等级的客户提供更个性化的贷款产品和利率。

同时，随着大数据和实时分析技术的应用，财务预测将转变为一个动态、持续的过程。企业将能够实时监测关键财务指标和市场信号，及时调整财务策略以应对市场变化。例如，制造企业或可通过实时监测原材料价格、供应链状态和生产成本，自动动态调整生产计划和定价策略，以最大限度地减少成本波动的影响。

总之，智能技术，特别是机器学习在财务预测和风险评估方面的进阶应用，将为企业财务管理带来革命性的变革。这种变革不仅提高了企业财务决策的准确性和效率，也为企业应对复杂多变的市场环境提供了强大的支持。通过这种转型，企业将能够更好地理解和预测市场趋势，更有效地管理风险，从而在激烈的市场竞争中保持优势，实现长期的可持续发展。

二、机器人流程自动化在企业财务管理中的扩展应用

随着机器人流程自动化技术的不断发展和完善，其在企业财务管理领域的应用前景正变得日益广阔和深入。人们可以期待未来的企业财务管理将变得更智能、高效。未来，机器人流程自动化不仅将继续优化和自动化标准的财务流程，还将扩展到更高级的财务分析、决策支持乃至模拟财务顾问的角色。这种扩展应用不仅将极大提高企业财务管理的效率和准确性，还将为企业提供更深层次的洞察和更高质量的决策支持。

一方面，未来的机器人流程自动化技术将更加深入地融入财务决策支持系统。传统上，机器人流程自动化在财务领域主要用于自动化重复性高、规则性强的任务，如数据录入、发票处理和报表生成。然而，随着技术的进步，机器人流程自动化的应用范围正在扩展到更复杂的分析任务。例如，机器人流程自动化可以被用来自动化财务数据的深度分析，如利润率趋势分析、成本分析和现金流量预测。通过自动收集和处理大量财务数据，机器人流程自动化不仅可以提供实时的财务指标更新，还

可以基于历史数据趋势，提供预测和洞察，辅助管理层做出更明智的财务决策。

另一方面，机器人流程自动化在未来可能会在一定程度上模拟财务顾问的角色。这种进阶应用涉及机器人流程自动化与人工智能技术的结合，使机器人流程自动化不仅能处理数据，还能提供基于数据的建议和见解。例如，结合机器学习算法的机器人流程自动化系统可以分析企业的财务表现，并根据市场条件、行业趋势和企业自身的历史表现提供定制化的财务策略建议。这些建议可能包括成本节约机会、投资组合调整和财务风险管理策略。

三、区块链技术在企业财务管理中的应用

尽管本书未明确提及区块链，但这项技术有潜力彻底改变财务记录和审计的方式。区块链提供了一种不可篡改、高度透明的纪录保持方法，这对于提高交易的可追溯性和减少欺诈行为非常有帮助。

比如，区块链技术在财务记录和审计方面的应用，将彻底改变现有的企业财务管理模式。传统的财务记录系统存在着数据被篡改的风险，且审计过程往往耗时且成本高昂。区块链提供了一种不可篡改和高度透明的记录方式，每一笔交易一经记录即成为永久且不可更改的历史，极大地提高了财务记录的安全性和可靠性。这种特性使区块链成为理想的财务记录和审计工具，能有效防止财务欺诈行为，提升交易的可追溯性。企业可以利用区块链技术创建一个更安全、透明的财务记录系统，从而提高内部控制的质量，同时为外部审计提供更加可靠的数据支持。

随着区块链技术的日益成熟和普及，其在企业财务管理领域的应用前景备受关注。特别是当区块链技术与人工智能相结合时，这一变革的潜力更是无限放大，预示着企业财务管理将进入一个全新的、更高效和更安全的时代。

具体来说，人工智能可以对大量的财务数据进行高效的处理和分析，

提供洞察和预测，而区块链技术则为这些数据提供了一个安全可靠的存储和验证平台。例如，人工智能可以用于分析区块链上记录的交易数据，以识别异常模式，预测未来的财务趋势，甚至自动化生成财务报告。同时，区块链上的数据由于其不可篡改性，为人工智能提供了高质量和可信赖的数据源，进一步提高了人工智能系统分析的准确性。

在供应链企业财务管理方面，区块链技术与人工智能的结合为企业提供了更加高效和透明的供应链财务解决方案。通过在区块链上记录和追踪每一笔交易，企业可以实现供应链的全过程可视化，从原材料采购到最终产品销售的每一个环节都可被准确追踪。结合人工智能，企业可以自动化分析供应链中的财务流和物流，及时发现和解决供应链中的瓶颈问题，优化库存管理，降低运营成本。

未来，随着区块链技术的不断发展和应用范围的扩大，其在企业财务管理领域的影响将变得更加深远。

四、企业财务管理与可持续性报告的结合

随着企业越来越重视可持续性，智能化企业财务管理系统未来可能需要整合环境、社会和治理指标。人们利用智能技术来跟踪和报告这些指标，将帮助企业更好地满足投资者和监管机构在可持续性方面的要求。

随着全球对可持续发展和企业社会责任的关注日益增强，企业财务管理系统整合环境、社会和治理指标成为一种必然趋势。这种整合不仅响应了投资者和监管机构日益增长的可持续性要求，也是企业实现长期成功和市场竞争力的关键。未来，智能化企业财务管理系统将在跟踪和报告环境、社会和治理指标方面发挥至关重要的作用。

首先，智能化企业财务管理系统可以通过集成环境、社会和治理相关的数据和信息，为企业提供全面的可持续性分析和报告。这意味着企业不仅能够跟踪其传统的财务性能指标，还能够监控其在环境、社会和治理方面的表现。例如，智能系统可以自动收集和分析与企业的碳排放、

能源使用、废物管理、员工福利、社区参与和企业治理相关的数据。通过这些数据的综合分析，企业可以更准确地评估其整体的可持续性表现，也能够识别改善的领域和机会。

其次，智能化企业财务管理系统的数据分析和预测功能将帮助企业更好地理解和管理与可持续性相关的风险和机遇。随着环境和社会标准的变化，企业面临着一系列新的风险，如资源短缺、气候变化、社会不稳定和治理失败。智能系统可以通过分析历史和实时数据，帮助企业预测这些风险的可能性和影响，也能够识别与可持续性相关的商业机会。例如，通过分析市场趋势和消费者行为，企业可以发现新的环保产品和服务的市场需求，从而实现商业增长和可持续性目标的双赢。

最后，智能化企业财务管理系统还能够支持企业在报告和沟通方面的工作。随着投资者和监管机构对可持续性报告的要求日益严格，企业需要提供更加全面、透明和可靠的环境、社会和治理信息。智能系统可以自动化生成环境、社会和治理报告，确保报告的准确性和一致性，也可以通过可视化工具向利益相关方展示企业的可持续性表现。例如，企业可以通过智能化的仪表板向投资者展示其在减排、员工福利和企业治理方面的进展，从而提高企业的透明度和信誉。

总之，随着企业对可持续性的日益重视，智能化企业财务管理系统整合环境、社会和治理指标的趋势将越来越明显。智能化企业财务管理系统在可持续性报告方面的应用将成为企业实现财务目标和可持续发展目标的重要工具。

参考文献

[1] 贾丽. 财务共享及智能财务理论与发展研究［M］. 北京：中国商业出版社，2023.

[2] 刘勤，屈伊春. 智能财务最佳实践案例：第1辑［M］. 上海：立信会计出版社，2021.

[3] 胡晓锋. 数字经济时代智能财务人才的培养与实践研究［M］. 长春：吉林出版集团股份有限公司，2022.

[4] 陆秀芬. 数字经济时代企业智能财务的构建与应用研究［M］. 天津：天津科学技术出版社，2022.

[5] 周遊，李鑫. 人工智能在财务领域应用研究［M］. 北京：中国商业出版社，2021.

[6] 贺丽谕. 智能财务视角下集团企业财务转型研究［D］. 西安：长安大学，2021.

[7] 何黎明. 数字化转型背景下集团型公司财务集中控制策略研究：以H集团为例［D］. 郑州：河南财经政法大学，2021.

[8] 郑佳雪. 集团型企业智能财务转型的策略与路径研究：以Z集团为例［D］. 哈尔滨：哈尔滨商业大学，2021.

[9] 安振杰. K集团公司财务管理智能化路径与方法研究［D］. 济南：山东财经大学，2021.

[10] 郭浩杰. 数智化背景下 X 公司财务共享模式研究［D］. 太原：山西财经大学，2023.

[11] 刘红. A 集团财务智能化转型研究［D］. 济南：山东大学，2023.

[12] 伍云诗. 财务共享下 J 企业报销管理智能化研究［D］. 重庆：重庆工商大学，2022.

[13] 蒋婕英. 智能时代财务人员转型与绩效评价研究：基于人机共生视角［D］. 上海：上海财经大学，2022.

[14] 赵浧. "RPA+AI"助力企业财务共享中心优化：以 S 集团为例［D］. 北京：北京邮电大学，2022.

[15] 田高良，张晓涛. 基于价值共创的智能财务生态管理［J］. 财会月刊，2022（23）：13-18.

[16] 张庆龙. 数据中台：让财务数据用起来［J］. 财务与会计，2022（9）：15-19.

[17] 程平，李宛霖. RPA 财务机器人在企业中的应用与展望［J］. 财务与会计，2022（6）：74-78.

[18] 陈碧锐，薛伟，龚珏，等. 企业数字化转型下的"智能税务"管理应用：以广州烟草公司为例［J］. 财会月刊，2022（15）：125-129.

[19] 李闻一，汤华川. 基于财务共享视角的人机协同研究［J］. 会计之友，2022（23）：22-27.

[20] 郭复初. 我国经济高质量发展与加快企业世界一流财务管理体系建设［J］. 财务与会计，2022（17）：8-13.

[21] 王爱国. 智能会计基本问题研究［J］. 财会月刊，2023，44（24）：62-67.

[22] 杨园园. 人工智能对企业财务会计的影响分析［J］. 中国农业会计，2023，33（24）：12-14.

[23] 马仪明. 人工智能在企业管理决策中的探索应用研究［J］. 辽宁经济，2023（10）：64-70.

[24] 胡立禄，柯贞. 智能时代中大型饲料企业财务共享管理模式的转型［J］. 中国饲料，2022（20）：144-147.

[25] 朱俐勇. 基于智能财务背景下的全面预算管理模式研究 [J]. 财经界, 2023（2）：111–113.

[26] 包全永，谢冠儒. A银行财务共享服务数字化转型路径探索 [J]. 财务 与会计，2022（22）：59–61.

[27] 董文娜. 智能财务背景下企业内部控制体系建设探索 [J]. 会计师, 2022（21）：89–91.

[28] 黄振华. 企业自动化办公软件的应用与价值探讨 [J]. 企业改革与管理, 2021（13）：62–63.

[29] 王丹青. 基于财务共享模式下影像系统暨电子会计档案的规划探讨：以N 公司为例 [J]. 纳税，2021，15（5）：77–78.

[30] 董小红. 人工智能技术对企业财务管理的影响与运用 [J]. 财会学习, 2022（35）：4–6.

[31] 王秀光，尹世阁. OCR技术在企业文档识别中的研究与实践 [J]. 信息 与电脑（理论版），2022，34（18）：175–178.

[32] 李慧，温素彬. 比物连类：智能会计人才培养方案的比较 [J]. 财会月刊, 2023，44（4）：45–50.

[33] 程平，谭果君. RPA财务机器人标准体系研究 [J]. 会计之友，2023（11）： 142–146.

[34] 张晓玮，刘波，戈姗姗，等. 基于人工智能的财务管理创新：财务机器人 在XH医院的应用 [J]. 财会月刊，2022（23）：119–126.

[35] 张敏，吴亭，史春玲，等. 智能财务人才类型与培养模式：一个初步框架 [J]. 会计研究，2022（11）：14–26.

[36] 张晓涛，田高良. 基于数字经济时代智能财务的发展思路 [J]. 财会通讯, 2023（6）：3–8.

[37] 虞富荣，陈叶明. 规则引擎财务机器人技术驱动下的财务共享智能化升级 运用研究：以差旅规则的自动化控制为例 [J]. 商业会计，2021（19）： 98–101.

[38] 郭复初. 我国经济高质量发展与加快企业世界一流财务管理体系建设 [J]. 财务与会计，2022（17）：8–13.

[39] 张晓涛，田高良．基于"数字经济"的智能财务理论与发展新契机［J］．财会通讯，2022（22）：22-28，132.

[40] 李闻一，汤华川．基于财务共享视角的人机协同研究［J］．会计之友，2022（23）：22-27.

[41] 陈碧锐，薛伟，龚珏，等．智能税务一体化管理模式在烟草商业企业的实践应用［J］．财会月刊，2023，44（15）：99-104.

[42] 周金琳．人工智能应用于会计行业的影响及对策研究［J］．财会通讯，2023（15）：145-148.

[43] 靳霞．企业智能财务转型的方向与路径［J］．财务与会计，2023（9）：64-65.

[44] 张婧雅．人工智能在企业风险管理中的影响与有效应用［J］．商场现代化，2023（14）：95-97.

[45] 谭蓉．基于OCR技术的企业移动报销平台建设方案［J］．无线互联科技，2023，20（9）：49-51.

[46] 毛明松，许睿，章卫东．基于区块链的差旅事务模型及智能合约研究［J］．会计之友，2023（17）：156-161.

[47] 赵瑞山，陈晓卓，张泉，等．会计智能化转型如何助推数字企业建设：以A集团为例［J］．会计之友，2023（18）：139-147.

[48] 张一君．跨境电商企业智能财务共享平台研究：基于商品流通模型［J］．财会通讯，2023（19）：132-137.

[49] 元年研究院《数智驱动下的财务共享模式创新》课题组．数智驱动下的无人财务共享概念框架及应用场景研究［J］．管理会计研究，2023（5）：10-21.

[50] 马莉．数字化时代财务管理的创新发展：评中国商业出版社《财务共享及智能财务理论与发展研究》［J］．价格理论与实践，2023（5）：215.

[51] 李玉颖．人工智能时代下企业管理的改革［J］．中小企业管理与科技，2022（3）：17-19.

[52] 王雷．基于智能引擎下的高校财务平台体系研究［J］．上海商业，2022（8）：122-124.

[53] 周正, 李志光, 黎艳, 等. 新型分布式搜索引擎在财务管理数字化中的应用实践 [J]. 软件, 2022, 43 (9): 153-155, 158.

[54] 纪志梅. 高校财务档案电子影像化实践探析: 以 G 校为例 [J]. 国际商务财会, 2023 (20): 70-73.

[55] 杨寅, 刘勤, 吕晓雷. 企业智能财务建设的因素、应用与效果研究 [J]. 会计之友, 2023 (24): 138-144.

[56] 杨园园. 人工智能对企业财务会计的影响分析 [J]. 中国农业会计, 2023, 33 (24): 12-14.

[57] 马仪明. 人工智能在企业管理决策中的探索应用研究 [J]. 辽宁经济, 2023 (10): 64-70.

[58] 陈俊, 董望. 智能财务人才培养与浙江大学的探索 [J]. 财会月刊, 2021 (14): 23-30.

[59] 谢波峰, 尹天惠. 智慧税务的实践现状和发展探索 [J]. 国际税收, 2021 (10): 21-26.

[60] 贺顺. 基于财务共享服务中心的财务机器人应用研究 [J]. 财会通讯, 2021 (19): 139-144.

[61] 田高良, 张晓涛. 论数字经济时代智能财务赋能价值创造 [J]. 财会月刊, 2022 (18): 18-24.

[62] 王阳, 李振东, 杨观赐. 基于深度学习的 OCR 文字识别在银行业的应用研究 [J]. 计算机应用研究, 2020, 37 (S2): 375-379.

[63] 王栋. 人工智能 OCR 技术的应用研究 [J]. 电子技术与软件工程, 2022 (1): 122-125.

[64] 牛永辉. 财务共享模式下施工企业的财务职能定位 [J]. 财会通讯, 2020 (18): 91-95.

[65] 刘勤. 智能财务中的知识管理与人机协同 [J]. 财会月刊, 2021 (24): 15-19.

[66] 白晓花. 智能财务创新实践研究: 以 A 集团为例 [J]. 中国注册会计师, 2021 (9): 87-91.

[67] 张玉缺. 基于财务共享的智能财务大数据分析模型构建［J］. 中国注册
会计师，2022（6）：52-58.

[68] 程平，邓湘煜. RPA 财务数据分析机器人：理论框架与研发策略［J］.
会计之友，2022（13）：148-155.

[69] 田高良，张晓涛. 数字经济时代智能财务理论与发展路径研究［J］. 财
会月刊，2022（22）：21-28.

[70] 赵丽锦，胡晓明，宋卫. 企业智能财务生态系统建设：科技驱动与系统耦
合视角［J］. 财会月刊，2021（21）：36-43.

[71] 王宏. 人工智能时代政府数据开放中的预算信息公开［J］. 上海师范大
学学报（哲学社会科学版），2021，50（4）：89-98.